家风家训家书

凌君　主编

中国民族文化出版社

北　京

图书在版编目（CIP）数据

家风家训家书 / 凌君主编 . — 北京：中国民族文
化出版社有限公司 , 2023.4（2024.5 重印）

ISBN 978-7-5122-1670-9

Ⅰ . ①家… Ⅱ . ①凌… Ⅲ . ①家庭道德 – 中国 Ⅳ .
① B823.1

中国国家版本馆 CIP 数据核字（2023）第 057670 号

家风家训家书
JIAFENG JIAXUN JIASHU

主　　编	凌　君
责任编辑	李路艳
责任校对	李文学
出 版 者	中国民族文化出版社　地址：北京市东城区和平里北街 14 号
	邮编：100013　联系电话：010-84250639　64211754（传真）
印　　装	金世嘉元（唐山）印务有限公司
开　　本	720mm×1020mm　1/16
印　　张	15.5
字　　数	210 千字
版　　次	2024 年 5 月第 1 版第 2 次印刷
标准书号	ISBN 978-7-5122-1670-9
定　　价	39.80 元

目 录
CONTENTS

家风家训

历代名门

　　家训又称家诫、家规、庭训等，是中国古代家庭教育中长辈对后代子孙的训示和垂戒，它随着家庭的发展而逐渐丰富和完善，与社会制度有着紧密的联系。

　　家训是伴随着家庭的出现而产生的一种教育形式，不仅是家庭教育的重要组成部分，也是中国传统文化的重要组成部分。它对个人的教养、世界观、"齐家"思想等都有着重要的影响。

　　参天之木，必有其根；怀山之水，必有其源！中华文化博大精深，家训文化犹如中华文化百花园中的一颗明珠，虽历经岁月的沧桑却光芒万丈，灿烂夺目。

　　可供借鉴的家训太多，本书受篇幅所限，仅采撷其中一二，以飨读者。

周公诫书

人物名片

周公（生卒年不详），姓姬名旦，也称叔旦。西周初期杰出的政治家、军事家、思想家、教育家，被尊为"元圣"和儒学先驱。周公是周文王姬昌的第四子，周武王姬发的弟弟，曾经两次辅佐周武王东伐纣王，并制作礼乐。因他采邑在周，爵为上公，所以称周公。

周公历经文王、武王、成王三代，不仅是西周王朝的开国元勋，还是巩固西周王朝的统治促成"成康之治"的主要决策人。周公勤勉从政，为见贤人"一沐三捉发，一饭三吐哺"。

《尚书大传》将周公的功绩概括为："一年救乱，二年克殷，三年践奄，四年建侯卫，五年营成周，六年制礼乐，七年致政成王。"

伯禽（生卒年不详），姓姬，名禽，伯是他的排行，周公旦长子，周朝诸侯国鲁国的第一任国君。

成王（？—前1021），姬姓，名诵，岐周（今陕西省岐山县）人。周武王姬发的儿子，太师姜子牙的外孙，周朝的第二位君主，在位22年。

创作背景

　　周武王姬发克殷后三年驾崩，成王姬诵继位。由于成王年纪尚幼，西周政局不稳，皇叔周公旦辅政。周公旦平定了三监之乱，稳定了西周的大局。

　　周武王灭商后把鲁地封给了周公，但周公要辅佐朝政，就让儿子伯禽代他就位。《诫伯禽书》就是伯禽去鲁地前，周公告诫儿子的一段话。此文对后世有着深远的影响，是中国第一部成文的家训。伯禽坚持以周礼治国，他在位的46年间，鲁国的政治、经济都出现了新局面，他的辖区还享有"礼仪之邦"的美称。

　　《无逸》成文于周公还政于成王之后，是周公对成王的训词。周公教导成王勤俭执政时说的"君子所其无逸。先知稼穑之艰难乃逸"成为后世帝王教育后代的名训。后来成王在周公的教导下成长为一代明君。

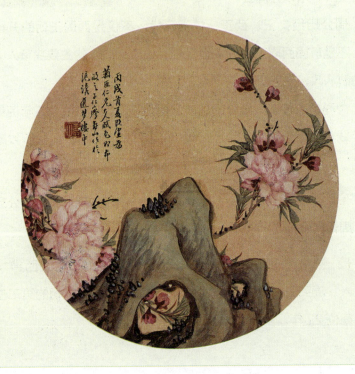

周公吐哺，起以待士

周公戒①伯禽曰："我文王之子，武王之弟，成王之叔父，我于天下亦不贱矣。然我一沐三捉发，一饭三吐哺②，起以待士，犹恐③失天下之贤人。子之鲁，慎无以国骄④人。"

——节录自［汉］司马迁《史记·鲁周公世家》

注释

①周公：姓姬，名旦，即周公旦；戒：通"诫"，告诫，警告劝诫（多用于上级对下级或长辈对晚辈）。

②一沐三捉发，一饭三吐哺：洗头时三次抓起头发，吃饭时三次吐出嘴里的食物，起身接待来朝见的人。这里喻指政务繁忙，治事勤勉，待人恭敬。

③恐：担心。

④骄：怠慢，轻视。

译文

周公告诫伯禽说："我是文王的儿子，武王的弟弟，成王的叔叔，我在天下的身份已经不算卑贱了。然而，我洗一次头往往要抓起头发三次，吃一顿饭要三次吐出正在咀嚼的食物，立即起身接待贤士。即使这样，我还担心因怠慢而失去天下的贤能之士。你到封地鲁国之后，千万不要以国君的身份骄纵轻视他人。"

无求备于一人

周公谓鲁公^①曰："君子不施其亲^②，不使大臣怨乎不以^③。故旧无大故^④，则不弃也。无求备^⑤于一人。"

——节录自《论语·微子篇第十八》

注释

①鲁公：周公的儿子伯禽，因封于鲁，所以人称鲁公。

②施：同"弛"，松弛。此处指怠慢、疏远。亲：有血统或婚姻关系的人。六亲指父子、兄弟、夫妇。

③以：用，使用。

④大故：故，原因，根由。大故，大的事情和原因。

⑤备：齐备，具备。

译文

周公对伯禽说："君子不要遗弃和疏远自己的亲属，不使大臣抱怨不被任用。老臣旧友没有重大过失就不要抛弃他们。不要对一个人求全责备！"

君子不争

君子力如牛^①，不与牛争力；走^②如马，不与马争走；智^③如士，不与士争智。

德行广大而守以恭者，荣^④；土地博裕而守以俭者，安；禄位尊盛而守以卑者，贵^⑤；人众兵强而守以畏者，胜；聪明睿智而守以愚者，益；博文多记而守以浅者，广。去矣，其毋以鲁国骄士矣！

——节录自［西周］周公旦《诫伯禽书》

注释

① 力如牛：力大如牛。
② 走：奔跑。
③ 智如士：如同智谋之士一样有智慧。
④ 荣：荣华富贵。
⑤ 贵：地位显要。

译文

君子即便力大如牛，也不会和牛比力气；即便跑得像马儿一样快，也不会和马去比赛；即便像名士那样有智慧，也不会和名士斗智。

德行广大的人保持着谦恭的态度，就会得到荣耀；虽然拥有广阔富饶的土地但还能保持节俭的人，就会

永远平安；位尊官高却能保持谦卑的人，就更显尊贵；兵强将多却依然用畏惧的心理坚守的人，一定会取得胜利；聪明睿智却用愚笨的态度处世的人，将获益良多；博闻强记但能保持谦虚的人，见识将越来越多。去上任吧，不要因为鲁国的条件优越而对名士傲慢啊！

君子所其无逸

　　周公曰："呜呼！君子所其无逸①！先知稼穑之艰难乃逸②，则知小人之依③。相小人④，厥父母勤劳稼穑⑤，厥子乃不知稼穑之艰难，乃逸，乃谚⑥，既诞⑦，否则侮厥父母曰⑧：'昔之人无闻知⑨！'"

注释

　　①君子：指"嗣王"，君主。逸：安逸。

　　②稼穑(jià sè)：农事。

　　③小人：下层民众。

　　④相：看，观察。

　　⑤厥：其。

　　⑥谚：同"喭"，刚猛，不恭敬。

⑦诞：同"延"，长久。

⑧否则：于是。

⑨昔之人：指老一辈。

译文

周公说："啊！做君主的不能贪图安逸！如果他提前知道耕种和收获的艰辛，再去享受安逸的生活，那才会懂得百姓的疾苦。我们看到那些下层的年轻人，父母在农事上挥汗如雨，奋力苦干，他们的子女却不懂得农事的艰辛，惯于享乐，他们的行为也不够恭敬，时间长了，就轻侮他的父母说：'老人懂什么！'"

治民祗惧　不敢荒宁

周公曰："呜呼！我闻曰，昔在殷王中宗①，严恭寅畏②，天命自度③，治民祗惧④，不敢荒宁⑤。肆中宗之享国七十有五年⑥。其在高宗⑦，时旧劳于外⑧，爰暨小人⑨。作其即位⑩，乃或亮阴⑪，三年不言⑫。其惟不言，言乃雍⑬；不敢荒宁，嘉靖殷邦⑭。至于小大⑮，无时或怨⑯。肆高宗之享国五十有九年。其在祖甲⑰，不义惟王⑱，旧为小人⑲。作其即位，爰知小人之依，能保惠于庶民⑳，不敢侮鳏寡。肆祖甲之享国三十有三年。自时厥后立王，生则逸，生则逸㉑，不知稼穑之艰难，不闻小人之劳，惟耽乐之从㉒。自时厥后亦罔或克

寿㉓。或十年，或七八年，或五六年，或四三年。"㉔

注释

① 中宗：商代第七任贤君祖乙。

② 严：严肃，庄重。寅：敬。

③ 度（duó）：衡量。

④ 祗惧：恭敬谨慎。

⑤ 荒宁：荒废政务，贪图安逸。

⑥ 肆：所以。有：同"又"。

⑦ 高宗：殷王武丁宗庙的称号。
武丁是商汤第十一世孙，殷王朝第
二十三任君主。

⑧ 时：即位之前。旧：久。

⑨ 爰：于是。

⑩ 作：及。

⑪ 亮阴：又作"谅阴""谅闇"，
指沉默不言。

⑫ 三年不言：李民《〈尚书〉与
古史研究》（增订本）认为，武丁即位之初缺少经验，身边也没有干练的辅佐大
臣，因而"三年不言"，政事都交给冢宰主持，自己去"观国风"，了解民情。相
比较旧说而言，比较通达，所以现在也沿用这个说法。

⑬ 雍：和谐。

⑭ 嘉靖：安定。

⑮ 小大：百姓，群臣。

⑯ 时：通"是"。

⑰ 祖甲：汤孙太甲。

⑱ 乂：拟，打算。

⑲ 旧：久。

⑳ 保：安。惠：爱。

㉑ 生则逸，生则逸：曾运乾在《尚书正读》中说："两言之者，周公喜重
言也。"

㉒ 耽乐：沉湎享乐。

㉓ 罔或：没有。克：能。寿：长久。

㉔ 以上一段和历史事实有不符。刘起釪在《尚书校释译论·无逸》据段玉裁《古文尚书撰异》的说法，将"其在祖甲"至"三十有三年"移到开头"昔在殷王"后，"其在"二字置于末尾以借"高宗"，并改"祖甲"为"太宗"。谓，"太宗"是汤孙太甲，原"祖甲"只能以武丁之子帝甲当之，末段"自殷王中宗及高宗及祖甲"也要改成"自殷王太宗及中宗及高宗"，其说甚辨。但因为改动太大，斟酌后决定先保存经文原貌。而记其说于末，以备参考。

译文

　　周公说："唉！我听说，过去殷王中宗严恭敬畏，以恪守天命来要求自己，治理民事非常谨慎，不敢有丝毫怠惰。所以他在位七十五年。到了高宗，先前在外面吃了很多苦，于是他体谅老百姓；等到他登基，三年沉默不言，不理政事，深入民间考察民情，偶尔论及国事就会得到广泛的赞同！他不敢荒废国事，贪图安逸，因此国家治理得太平，从百姓到朝臣都没有一句怨言。所以他在位也有五十九年。祖甲在位时，他没有打算做王，仍旧做百姓。他登基后因为了解老百姓的苦衷，所以对老百姓很是仁慈，就连孤苦没有依靠的人都不轻视。所以他在位三十三年。自此以后的君主因为生下来生活就安逸，生下来生活就安逸！不了解农事的艰难，不了解老百姓的劳苦，只知道寻欢作乐。所以此后的君主没有一个是长久在位的，或十年，或七八年，或五六年，或三四年罢了。"

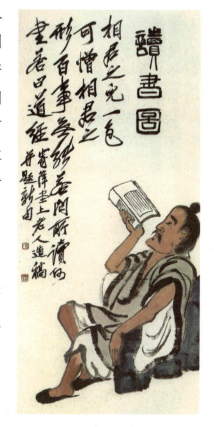

徽柔懿恭　怀保小民

　　周公曰："呜呼！厥亦惟我周，太王、王季克自抑畏①。文王卑服②，即康功田功③；徽柔懿恭④，怀保小民，惠鲜于鳏寡⑤。自朝至于日中、昃⑥，不遑暇食，用咸和万民⑦。文王不敢盘于游田⑧，以庶邦惟正之供⑨。文王受命惟中身⑩，厥享国五十年。"

注释

　　①太王：古公亶父，文王的祖父，王季的父亲。王季：文王的父亲。抑畏：谨慎，戒惧。

　　②卑服：服从，遵循。卑，通"俾"。

　　③康功田功：章太炎在《古文尚书拾遗》中说："康功者，谓平易道路之事。田功者，谓服田力穑之事。前者职在司空，后者职在农官。文王皆亲莅之。"

　　④徽：善良。懿：美。恭：敬。

　　⑤鲜：通"斯"，语气助词，无意义。

　　⑥朝：早晨。日中：中午。昃：太阳偏西，指黄昏。

　　⑦用：以。咸和：和谐。

⑧ 盘：乐。田：狩猎。

⑨ 以：与。庶邦，众邦，指臣服于周的诸方国。正：通"政"。供：奉。

⑩ 中身：中年。

周公说："啊！只有我们周家太王和王季能谦恭戒惧。文王秉承两位先王的德行，亲自管理平整道路和农业生产两件大事；他心怀仁爱恭敬，关心爱护老百姓，普施恩惠给那些孤苦无依的人；从早到晚经常忙到顾不上吃饭，为的是让老百姓和谐生活。文王不敢沉湎于游

乐和狩猎，只忙于和属地的诸侯一起处理政事。因此，他即位时虽然已到中年，但还是在位五十年之久。"

非民攸训　非天攸若

周公曰："呜呼！继自今嗣王则其无淫于观①，于逸，于游，于田，以万民惟正之供。无皇曰②：'今日耽乐。'乃非民攸训③，非天攸若④，时人丕则有愆⑤。无若殷王受之迷乱⑥，酗于酒德哉！"

注释

①淫（yín）：过度玩乐。观：游览。

②皇：通"况"，更。

③攸：所。训：顺。

④若：顺。

⑤时：通"是"。丕（pī）则：于是。愆（qiān）：过错。

⑥受：即商纣王。《竹书纪年》中称"帝辛受"。

译文

周公说："唉！从此以后继位的君主可不要无止境地沉湎于游览，沉湎于享受，沉湎于乐游，沉湎于打猎，耗尽老百姓供奉的税款。更不要说：'今天玩一玩就好。'要知道这是老百姓所不允许的，也是上天所不允许的，这样下去是要犯错误的。一定不要像殷纣王那样迷乱，酗酒无度啊。"

胥训告　胥保惠　胥教诲

周公曰："呜呼！我闻曰，古之人犹胥训告①，胥保惠，胥教诲，民无或胥诪张为幻②。此厥不听③，人乃训之④，乃变乱先王之正刑，至于小大⑤。民否则厥心违怨⑥，否则厥口诅祝⑦。"

注释

①人：指君主和臣民。犹：由，用。胥（xū）：互相。

②或：有。诪（zhōu）张：欺诳。幻：惑乱。

③厥（jué）：其，你。

④训：以……为榜样。

⑤正刑：旧法。

⑥否则：于是。违：怨。

⑦祝：诅咒。

译文

周公说："唉！我听说，古时的君主和臣民之间常常互相告诫，互相爱护，互相教诲，老百

姓也没有互相造谣欺诈的事情。如果你们不接受别人的劝告，官员们就会视作榜样，变乱先王的旧法，并扩及大大小小的法令，老百姓的心里就会激起怨恨，他们嘴里就会发出诅咒。"

其监于兹

周公曰："呜呼！自殷王中宗及高宗及祖甲①，及我周文王，兹四人迪哲②。厥或告之曰③：'小人怨汝詈汝④。'则皇自敬德⑤。厥愆，曰：'朕之愆！'允若时⑥，不啻不敢含怒⑦。此厥不听，人乃或诪张为幻，曰：'小人怨汝詈汝！'则信之。则若时，不永念厥辟⑧，不宽绰厥心，乱罚无罪，杀无辜。怨有同⑨，是丛于厥身⑩！"

周公曰："呜呼！嗣王其监于兹⑪！"

注释

①殷王中宗及高宗及祖甲：其间可能有简编错乱，建议改为"自殷王太宗及中宗及高宗"。见上文注释，今保留原貌。

②迪：用。

③ 或：有的人。

④ 詈(lì)：骂。

⑤ 敬：谨慎。

⑥ 允：信。若时：如此。

⑦ 不啻(chì)：不但。

⑧ 永：长。辟：法度，指上四王树立的典型。

⑨ 同：会同。

⑩ 丛：聚集。

⑪ 嗣王：指周成王。监：通"鉴"，借鉴。

　　周公说："唉！从殷王中宗、高宗、祖甲，到我们周家的文王，这四个人是最圣明的。如果有人告诉他们说：'老百姓在怨你骂你呀！'他们就会更加谨慎于德行。有了过错，他们会很坦率地承认说：'这是我的错！'他们真的是这样坦白，不只是没有怨恨而已。假如听不进这些话，百官就会造谣鼓惑说：'老百姓在怨你骂你啊！'你一听就信以为真。如果这样的话，不如好好想想先王树立的光辉典型，不开拓自己的心胸，而去惩罚无辜，滥杀无辜，那老百姓的怨恨必会集中到你一个人的身上了！"

　　最后，周公说道："唉！王，你要以这些为鉴戒啊！"

感悟

　　周公的《诫伯禽书》是中国第一部家训，也是最著名的古训。全文分三个层面教导儿子：第一，要宽容对待他人；第二，不能争强好胜；第三，要自谦、自律。周公对儿子的谆谆教导可谓用心良苦。而伯禽也没有辜负父亲的期望，把鲁国治理成了民风淳朴、务本重农、崇教敬学的礼仪之邦。

　　《无逸》表现了长辈对晚辈（周公对成王）用心良苦的谆谆教导，展现出难能可贵的忧患意识，不仅在当时有特别大的现实价值，在今天也具有深刻的教育和借鉴意义。

　　为了周朝的江山社稷，周公担负起重任，殚精竭虑地辅佐未成年的周成王，为新生的周王朝撑起了一片天。周公摄政只有七年，就是在这短短的七年里，周公不仅给周王朝奠定了繁荣稳定的基石，还打好了绵延不绝的中华文明的根基。

　　曹操的《短歌行》中有"周公吐哺，天下归心"的诗句，就是形容周公旦礼贤下士、求贤若渴。

孔子庭训

人物名片

孔子（前551—前479），子姓，孔氏，名丘，字仲尼，鲁国陬邑（今山东省曲阜市）人。中国古代伟大的思想家、政治家、教育家，儒家学派创始人，"大成至圣先师"。

孔子开创了私人讲学之风，倡导仁义礼智信，主要著作有六经（《诗》《书》《礼》《易》《乐》《春秋》），其弟子和再传弟子把孔子和其弟子的言行记录下来，整理编撰成了《论语》。该书被奉为儒家经典。

孔鲤（前532—前483），子姓，孔氏，名鲤，字伯鱼。孔子和丌官氏（也作亓官氏）唯一的儿子，因孔鲤出生时鲁昭公赐孔子一尾鲤鱼而得名。孔鲤先孔子而亡，留下了"孔鲤过庭"的典故，后世将"伯鱼"用作对别人儿子的美称。

创作背景

　　本文出自《论语·季氏篇第十六》，是陈亢和孔鲤在闲谈中道出的孔子的家训。

　　《诗经》和《礼记》是孔子教育学生的教材，他对自己的独生子孔鲤的教育也是从此入手。这是孔子以身作则，"诗礼传家"的典故。

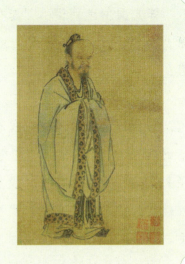

　　陈亢问于伯鱼曰①："子亦有异闻②乎？"

　　对曰："未也。尝独立，鲤趋而过庭③。曰：'学诗乎？'对曰：'未也。''不学诗，无以言。'鲤退而学诗。他日，又独立，鲤趋而过庭。曰：'学礼乎？'对曰：'未也。''不学礼，无以立。'鲤退而学礼。闻斯二者。"

　　陈亢退而喜曰："问一得三：闻诗，闻礼，又闻君子之远其子也④。"

——［春秋］孔丘《论语·季氏第十六》

注释

　　①陈亢（gāng）：姓陈，名亢，字子禽。

　　②异闻：不同的见闻。这里是陈亢怀疑孔子对孔鲤有偏私，教授伯鱼的比弟子们多。

　　③趋：快走。根据《礼记》的规定，臣子经过君王的面前、儿子经过父亲的面前时，都要小步快走以示恭敬。

　　④远：不亲近，不亲昵，指严格要求。

陈亢向伯鱼问道："您在您父亲那里得到过一些特别的教诲没有？"

伯鱼回答道："没有。有一次，他独自站在庭院中，我恭敬地走过那里。他问我：'你学《诗经》了吗？'我回答：'没有。'他就说：'不学《诗经》就不会说话。'我回去后便学《诗经》。又有一天，他又独自站在庭院中，我恭敬地走过那里。他问我：'你学《礼记》了吗？'我回答：'没有。'他就说：'不学《礼记》，就无法立足于社会。'我回去后便学《礼记》。我私下就听到这两次教诲。"

陈亢回去后高兴地说："我问了一个问题，却得到三方面收获：知道了该学《诗经》，知道了该学《礼记》，还知道了君子不偏爱自己的儿子。"

感悟

孔子在孔鲤经过庭院时询问他有没有学《诗经》和《礼记》，在孔鲤回答后又点明了不学《诗经》，在社会交往中就不会说话，不学《礼记》，在社会上就不能立足。孔鲤后来加强了对《诗经》《礼记》的学习，以增强自身的修养。孔子的家训不仅仅是家庭训诫，还具有社会属性，对家国和社会都有很重要的意义。

曾子烹彘

曾参（前505—约前436），春秋末年鲁国思想家，孔子晚年的弟子之一，被尊称为"曾子"，曾提出"慎终追远，民德归厚"的主张和"吾日三省吾身"的修养方法。曾子在儒学发展史上占有重要的地位，被后世尊为"宗圣"，是配享孔庙的四配之一，仅次于"复圣"颜渊。据传，以修身为主要内容的《大学》是他的作品。

韩非（约前280—前233），又称韩非子，战国末期韩国新郑（今河南）人，中国古代思想家、哲学家和散文家，法家学派的代表人物，也是法家思想的集大成者。主要作品有《孤愤》《内储说》《外储说》等，后人整理成《韩非子》一书。

曾子之妻之市①，其子随之而泣②。其母曰："女③还，顾反为女杀彘④。"适⑤市来，曾子欲捕彘杀之。妻止⑥之曰："特⑦与婴儿⑧戏⑨耳。"曾子曰："婴儿非与戏也。婴儿非有知也，待父母而学者也，听父母之教。今⑩子欺之，是教子欺也。母欺子，子而不信其母，非以成教也。"遂烹彘也。

——［战国］韩非《韩非子》

①之：到……去。

②泣：无声哭或小声哭。

③女：通"汝"，你。

④彘（zhì）：猪。

⑤适市来：刚从集市上回来。
适：刚才。

⑥止：阻止。

⑦特：只是，不过。

⑧婴儿：小孩子。

⑨戏：通"嬉"，嬉戏，玩耍。
这是指开玩笑。

⑩今：现在。

译文

曾子的妻子要到集市上去，儿子跟在她后面哭闹。母亲对孩子说："你回去，等我回来后杀猪给你吃。"妻子刚从集市上回来，曾子就去抓猪，准备杀了它。妻子阻止他说："我只不过是跟小孩开了个玩笑罢了。"曾子说："小孩不是开玩笑的对象。小孩什么都不懂，要靠父母做出样子才会跟着学，完全听从父母的教导。现在你欺骗了他，就是在教他学骗人。做母亲的欺骗孩子，孩子就不会再相信母亲了，这不是教育孩子的正确方法啊。"于是曾子就把猪杀掉煮了。

感悟

　　曾子用实际行动教育孩子要言而有信，诚实待人。父母在教育子女的时候要言传身教，做任何事都要言出必行，这样才能得到子女的信任。《曾子烹彘》篇幅虽然短小，却深刻地阐明了一个道理——父母一旦有所承诺，就一定要守信重诺。

孟母教子

人物名片

孟母，"亚圣"孟子的母亲，生卒年不可考，战国时人，以教子有方著称，留下了"孟母三迁""断机教子"等教子佳话。

孟子（约前372—前289），名轲，字子舆，邹国（今山东邹城）人。战国时期的哲学家、思想家、教育家，是孔子后荀子前的儒家学派的代表人物，和孔子并称"孔孟"。

孟子幼年在母亲的教育下成长，孟母的言传身教对其成为"亚圣"有巨大的作用。

其主要著作有《鱼我所欲也》《得道多助，失道寡助》《生于忧患，死于安乐》等。

孟母三迁①

邹孟轲之母也②，号孟母。其舍近墓。孟子之少也，嬉游为墓间之事③，踊跃筑埋④。孟母曰："此非吾所以居处子也。"乃去舍市傍⑤。其嬉戏为贾人衒卖之事⑥。孟母又曰："此非吾所以居处子也。"复徙舍学宫之傍⑦。其嬉游乃设俎豆揖让进退⑧。孟母曰："真可以居吾子矣。"遂居之。

及孟子长，学六艺⑨，卒成大儒⑩之名。君子谓孟母善以渐化。诗云："彼姝者子，何以予之？"此之谓也。

注释

①原题是《邹孟轲母》，现题是编者根据正文拟定的。

②邹孟轲：即孟子。其继承了孔子学说。

③嬉（xī）游：游乐，游玩。

④踊跃：犹跳跃。筑埋：筑穴埋葬。

⑤市：定期或临时举行贸易活动的场所。

⑥贾（gǔ）人：商人。衒（xuàn）卖：叫卖。

⑦徙（xǐ）：移居。学宫：学校。

⑧俎（zǔ）豆：俎和豆，古代祭祀、宴飨时盛食物的礼器。这里指各种礼品。揖让：宾主相见的礼仪。进退：指进与退的礼仪、礼节。

⑨六艺：古代教授学生的六种科目。

⑩大儒：儒学大师。

译文

世人称孟子的母亲为孟母。当初居住的地方离墓地非常近。孟子小时候，玩耍的都是下葬哭丧一类的事，特别爱学造墓埋坟。孟母说："这里不适合孩子居住。"于是便把家搬到了集市附近。孟子又学着商人的样子吆喝叫卖东西。孟母又想："这个地方也不适合孩子居住。"又将家搬到了学校旁边。孟子学会了在朝廷上鞠躬行礼以及进退的礼节。孟母说："这才是孩子该住的地方。"于是就在这里定居下来了。

等孟子长大成人后，学成了六艺，获得了大儒的名望。君子们都认为这是孟母逐步教化的结果。《诗经》上说："那美丽的女子啊，

我拿什么来赠送给你呢！"说的就是这件事。

孟母断织

孟子之少也，既学而归，孟母方绩，问曰："学何所至矣？"孟子曰："自若①也。"孟母以刀断其织。孟子惧而问其故，孟母曰："子之废学，若吾断斯织也。夫君子学以立名，问则广知，是以居则安宁，动则远害。今而废之，是不免于厮役②，而无以离于祸患也。何以异于织绩而食，中道废而不为，宁能衣其夫子③，而长不乏粮食哉！女则废其所食，男则堕④于修德，不为窃盗，则为虏役⑤矣。"

孟子惧，旦夕勤学不息，师事子思⑥，遂成天下之名儒。君子谓孟母知为人母之道矣。《诗》云："彼姝者子，何以告之？"⑦此之谓也。

——选自［汉］刘向《列女传·母仪传》

注释

①自若：依然如故，一如既往。

②厮役：旧时指干杂事的奴隶。

③宁能：难道能。宁，难道。

④堕：荒废。

⑤虏役：奴隶，奴仆。

⑥子思：指孔伋（前483—前402），字子思，孔鲤的儿子，孔子的孙子。孔子的儒家思想学说由其高足曾参传子思，子思的门

人再传孟子。

⑦"《诗》云"两句：出自《诗经·国风·鄘风·干旄》。大意为"那美好的女子，我能向她说什么。"作者再次引用《干旄》是为了表达对孟母的赞美。

译文

孟子小时候，放学后回家，他的母亲正在织布，见他回来，孟母就问道："学习怎么样了？"孟子回答："跟过去一样"。孟母听后就用剪刀把刚织好的布剪断了。孟子见状害怕极了，就问母亲这样做的原因，孟母说："你荒废学业，就同我剪断这布一样。有德行的人学习是为了树立名声，多问才能增长知识，因此，平时能平安无事，做起事来可以避开祸害。如果现在你荒废了学业，就免不了要做干杂事的劳役，而且难以避免祸患。这和依靠织布而生存的道理是一样的，如果中途废弃不做，哪能让她的丈夫和儿子有衣服穿，并且长期不缺粮食呢？女子若失去她赖以生存的技能，男子若对修养德行懈怠，那么不是去做小偷，就是被俘虏被奴役。"

孟子听后很害怕，从此以后，从早到晚勤奋学习，把子思当作老师，终于成为天下有名的大儒。有德行的君子都认为孟母懂得做母亲的法则。《诗经》上说"那美丽的女子啊，我该怎么赞美你呢！"说的就是这件事。

刘邦：手敕太子文

刘邦（前247或前256—前195），字季，沛县丰邑中阳里人（今江苏徐州丰县），西汉开国皇帝，杰出的政治家、战略家，对汉族的发展以及中国的统一做出了突出贡献。其主要作品有《大风歌》《鸿鹄歌》等。刘邦的庙号为太祖，谥号为高皇帝。

刘盈（前210—前188），刘邦嫡长子，西汉第二位皇帝（前195—前188在位）。谥号孝惠皇帝。

《手敕太子文》是汉高祖刘邦在病危时以父亲和君王的身份写给嫡长子刘盈的敕书，全文尽是对儿子的谆谆告诫：要读书，要用贤，要治理好天下。这封敕书在历代帝王敕书中非常具有代表性，也是一篇很好的家训。

　　吾遭乱世，当秦禁[1]学，自喜，谓读书无益。洎践祚以来[2]，时方省[3]书，乃使人知作者之意，追思昔[4]所行，多不是[5]。

　　尧舜不以天下与子[6]而与他人，此非为不惜天下，但子不中立耳。人有好牛马尚惜，况天下耶？吾以尔是元子[7]，早有立意。群臣咸称汝友四皓[8]，吾所不能致，而为汝来，为可任大事也。今定汝为嗣。

　　吾生不学书，但读书问字而遂知耳。以此故不大工[9]，然亦足自辞解[10]。今视汝书犹不如吾，汝可勤学习。每上疏宜自书，勿使人也。

汝见萧、曹、张、陈⑪诸公侯，吾同时人，倍年于汝者，皆拜。并语于汝诸弟。

吾得疾遂困，以如意母子相累⑫，其余诸儿，皆自足立，哀此儿犹小也。

——出自［清］严可均《全汉文》

注释

① 禁：禁止。

② 洎（jì）：到，及。践祚（jiàn zuò）：走上祚阶主位；即位，登基。

③ 省：反省。

④ 昔：过去。

⑤ 是：对，正确。

⑥ 与：给予，授予。

⑦ 元子：嫡长子。刘邦的嫡长子刘盈是吕后所生。

⑧ 友：结交，与……为友。四皓：指秦朝末年隐居商山的四位隐士，分别为东园公唐秉、甪里先生周术、绮里季吴实、夏黄公崔广，因他们须眉皆白，所以被人称为"四皓"。刘邦曾多次征召"四皓"，但"四皓"认为刘邦轻士善骂，所以拒不从命。后来刘邦想废掉太子刘盈，吕后用张良的计谋派人请来"四皓"辅佐刘盈，于是刘邦认为刘盈羽翼已丰，强行改立太子会造成政局混乱，所以就打消了另立太子的念头。刘盈即位后，皇权落在吕后手中，"四皓"深感报国无望，于是重返商山，终老山林。

⑨ 工：擅长。

⑩ 自辞解：用言辞解释自己的意思。

⑪ 萧、曹、张、陈：指萧何、曹参、张良、陈平，他们是西汉的开国功臣。

⑫ 如意母子：刘邦宠妃戚夫人和赵隐王刘如意。刘邦曾多次想废掉太子刘盈，改立刘如意为太子。累：托付、烦劳。

译文

　　我遭逢动乱不安的年代，正赶上秦始皇焚书坑儒，禁止求学，我很高兴，认为读书没有什么用处。直到登基，我才明白了读书的重要性，于是让别人讲解，了解作者的意思。回想以前的所作所为，有很多不对的地方。

　　古代尧舜不把天下传给自己的儿子，却禅让给别人，并不是不珍视天下，而是因为他的儿子不足以担当大任。人们有品种良好的牛

马，尚且都很珍惜，何况是天下呢？你是我的嫡传长子，我早就有意确立你为我的继承人。大臣们都称赞你的朋友商山四皓，我曾经邀请他们没有成功，今天他们却为了你而来，由此看来你可以承担重任。现在我确定你为我的继承人。

我平生没有学书，不过在读书问字时知道一些而已。因此文辞写得不大工整，但还算能表达自己的意思。现在看你作的书，还不如我。你应当勤奋学习，每次献上的奏议应该自己写，不要让别人代笔。

你见到萧何、曹参、张良、陈平，还有和我同辈的公侯，岁数比你大一倍的长者，都要依礼下拜。也要把这些话告诉你的弟弟们。

我现在重病缠身，使我担心牵挂的是如意母子，其他的儿子都可以自立了，怜悯这个孩子太小了。

刘邦是我国历史上第一个以农民起义领袖身份登上皇位的人，因此，刘邦身上便很自然地拥有两种性情。

一方面，刘邦痞子气十足，虚伪狡诈。他年轻时混迹乡里，不下地干活，只会说大话，还贪财好色，脸皮厚。另一方面，刘邦有种豁出去的心态，行事果敢，从来不拖泥带水。他懂得在关键时刻忍辱负重，在大是大非上很有判断力。刘邦最大的优点就是知人善任。

刘邦：手敕太子文

司马谈：命子迁

司马谈（约前169—前110），左冯翊夏阳（今陕西韩城南）人，汉初五大夫，曾任太史令、太史公。其有广博的学问修养，曾"学天官于唐都，受《易》于杨何，习道论于黄子"。

《论六家要旨》是司马谈总结先秦各家学说后著成的，后来又根据《国语》《战国策》《楚汉春秋》等撰写史籍，但未写成便撒手人寰。

司马迁（前145或前135—不可考），字子长，生于龙门（西汉夏阳，今陕西省韩城市，另一种说法是今山西省河津市），西汉史学家、文学家、思想家。司马谈的儿子，任太史令，被后世尊称为史迁、太史公、历史之父。

司马迁编写了中国第一部纪传体通史《史记》（原名《太史公书》），被公认为是中国史书的典范，是"二十四史"之首，被鲁迅誉为"史家之绝唱，无韵之离骚"。

创作背景

司马谈曾立志撰写一部通史，他在任太史令时接触到大量的图书文献，涉猎了各种资料。前110年，司马谈随同汉武帝赴泰山封禅，途中身染重病，在弥留之际对赶来探望的儿子司马迁谆谆嘱咐，一定要继承自己的遗志，完成史书的写作。《命子迁》便是在这样的背景下完成的。

余先，周室之太史也①。自上世尝显功名于虞夏②，典天官事③。后世中衰，绝于予④乎？汝⑤复为太史，则续吾祖矣。今天子接千岁之统⑥，封泰山⑦，而余不得从行，是命也夫，命也夫！余死，汝必为太史；为太史，毋忘吾所欲论著矣。且夫孝，始于事亲⑧，中于事君，终于立身。扬名于后世，以显父母，此孝之大者。夫天下称诵周公⑨，言其能论歌文、武之德⑩，宣⑪周、邵之风，达太王、王季之思虑⑫，爰及公刘⑬，以尊后稷⑭也。幽、厉之后⑮，王道缺，礼乐衰，孔子修旧起废，论《诗》《书》⑯，作《春秋》⑰，则学者至今则之⑱。自获麟⑲以来四百有余岁，而诸侯相兼，史记⑳放绝。今汉兴，海内一统，明主贤君忠臣死义之士，余为太史而弗论载，废天下之史文，予甚惧焉，汝其念哉！

——［西汉］司马迁《史记·太史公自序》

注释

①周室：指周朝。太史：官名。西周和春秋时太史掌管起草文书，策命诸侯卿大夫，记载史事，编写史书，兼管国家典籍、天文历法、祭祀等。秦汉设太史令，职位渐低。

②虞夏：指有虞氏之世和夏代。

③典：职掌。天官：官名。

④予：我。

⑤汝：你。

⑥接：指继承。千岁之统：千年的大统。

⑦封泰山：指封禅。

⑧事亲：侍奉双亲。

⑨周公：周武王的弟弟，姬旦，因采邑在周地而称为周公。

⑩论歌：论赞歌颂。文武：周文王、周武王。

⑪宣：彰明。

⑫达：表达。太王：周文王之祖的尊号。

⑬爰：语助词。公刘：古代周族的领袖。

⑭后稷：古代周族的始祖。

⑮幽、厉：周幽王、周厉王，西周时期的两个昏君。

⑯《诗》：指《诗经》。《书》：指《尚书》。《诗经》《尚书》和下文的《春秋》均为儒家经典，据说都是由孔子增删修订而成的。

⑰《春秋》：编年体史书。

⑱则之：以之为准则。

⑲获麟：指鲁哀公十四年猎获麒麟的事。

⑳史记：记载历史的书。后世《史记》专指司马迁所撰《太史公书》。

译文

我们的先祖是周朝的太史。远在上古的虞夏之世就显扬功名，职掌天文之事。后世衰落，难道会断绝在我手里吗？你要继续做太史，接续我们祖先的事业。现在天子继承汉朝千年一统的大业，在泰山举行封禅典礼，而我因病不能随行，这就是命啊，是命啊！我死之后，你必定要做太史；做了太史，不要忘记我想要撰写著述的愿望啊。孝道始于奉养双亲，进而侍奉君主，最终立身扬名。扬名后世来使父母显耀，这是最大的孝道。天下都在称道周公，说他能论述歌颂文王、武王的功德，宣扬周公、邵公的风尚，通晓太王、王季的思虑，乃至于公刘的功业，并尊崇始祖后稷。周幽王、厉王以后，王道衰败，礼乐衰颓，孔子研究整理旧有的典籍，修复、振兴被废弃、破坏的礼乐，论述《诗经》《尚书》，写作《春秋》，学者至今都以此作为准则。自猎获麒麟到现在已经 400 余年，诸侯相互兼并，史书丢弃殆尽。如今汉朝兴起，海内统一，明主、贤君、忠臣、死义之士，我作为太史都未能对这些人予以论评载录，断绝了天下的修史传统，对此我甚感惶恐，你可要记在心上啊！

从这篇《命子迁》中不仅可以看出司马谈学富五车，责任心强，忠诚于国家的史学事业，还可以看出他注重对子女的言传身教，激发儿子的事业心并为其提供"行万里路"的机会，这是最难得的。

古今成大事者没有不遭遇挫折的，如果司马谈只让司马迁有书本知识的储备，不让年纪轻轻的儿子出门受苦，临终前没有再三叮嘱，也许后来司马迁就不可能有深深的使命感，在那样的屈辱中活下去，他也不可能写成《史记》，取得这样大的成就，即使写成了，也未必能写得那样精彩。司马迁最终没有辜负父亲的期望，写出了被誉为"史家之绝唱，无韵之离骚"的《史记》而名垂青史。

诸葛亮家训

人物名片

诸葛亮（181—234），
字孔明，号卧龙，琅琊阳都
（今山东省临沂市沂南县）
人，三国时期的蜀汉丞相，
中国古代杰出的政治家、军
事家、发明家、文学家。代
表作有《出师表》《诫子
书》《兵法二十四篇》等。

其在世时被封为武乡侯，死后追谥忠武侯。曾发明木牛流马、孔明
灯等。

诸葛瞻（227—263），字思远，琅琊阳都（今山东省临沂市
沂南县）人，三国时期蜀汉大臣，诸葛亮的儿子。

庞涣，字世文，西晋太康年中任牂牁（今贵州省旧遵义府以
南）太守。诸葛亮二姐的儿子，他的父亲是庞山民，祖父是襄阳名
士庞德公。

　　《诫子书》完成于蜀汉后主建兴十二年（234），是诸葛亮晚年写给八岁的诸葛瞻的一封家书。当年二月，诸葛亮出兵武功县五丈原（今陕西省岐山南）和司马懿对峙，由于过于操劳诸葛亮病情逐渐加重，八月份病情日益恶化。《诫子书》是诸葛亮在病重的身体条件下完成的。

　　《诫外甥书》是诸葛亮写给他二姐的儿子庞涣的。他在这封信中教导外甥该如何立志、修身、成才。

诫子书①

　　夫君子之行，静以修身，俭以养德②。非澹泊无以明志③，非宁静无以致远④。夫学须静也，才须学也；非学无以广才，非志无以成学。慆慢则不能励精⑤，险躁则不能治性⑥。年与时驰⑦，意与日去⑧，遂成枯落⑨，多不接世⑩，悲守穷庐，将复何及？

注释

① 选自《诸葛亮集》卷一。

② 俭以养德：谓有所节制以修养德行。

③ 澹泊：恬淡寡欲。

④ 宁静：谓清静寡欲，不慕荣利。致远：实现远大的目标。

⑤ 慆（tāo 滔）慢：怠慢，怠惰。励精：振奋精神，致力于某种事业或工作。

⑥ 险躁：轻薄浮躁。治性：修身养性。

⑦ 年与时驰：年纪随时间的流逝渐长。

⑧ 意与日去：意志随时间而消磨。

⑨ 枯落：喻人年老衰残。

⑩ 接世：谓为社会所接纳。

译文

　　君子的品行，依靠的是内心平静地修养身心，依靠俭朴节约的习惯来培养品德。不减少欲望就不能使自己实现远大的目标，不安静平和全神贯注地学习就不能实现远大的理想。学习必须专一、用心，而才干的增长需要刻苦学习。如果学习不刻苦，就没有办法增长才干，没有矢志

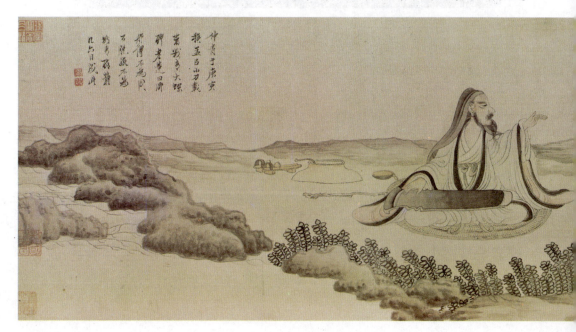

不移的志向就没有办法学有所成。放松懈怠就不能振奋精神，轻薄浮躁就不能修养性情。年纪随着时光疾速逝去，意志也随着岁月而一起消失。最后像枯枝落叶般凋零，对社会没有任何贡献。只能悲伤地守在自己窘迫的屋舍里，到那时再悲伤叹息又怎么来得及呢？

诫外生书①

夫志当存高远，慕先贤，绝情欲，弃疑滞②，使庶几之志③，揭然④有所存，恻然有所感⑤。忍屈伸⑥，去细碎⑦，广咨问⑧，除嫌吝⑨，虽有淹留⑩，何损于美趣？何患于不济⑪？若志不强毅，意不慷慨⑫，徒碌碌⑬滞于俗，默默束于情，永窜伏于凡庸⑭，不免于下流矣。

注释

① 选自《诸葛亮集》卷一。外生：即外甥。

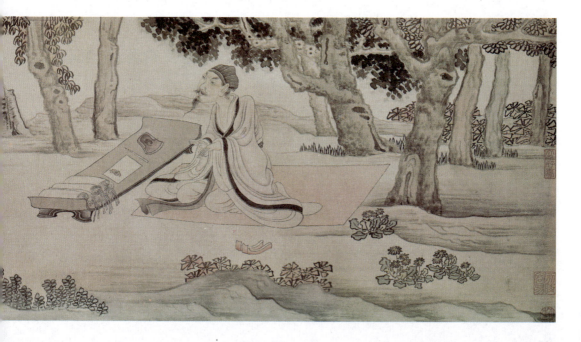

②疑滞：迟疑不决。

③庶几(jī基)之志：接近或近似于先贤的志向，谓向往贤才的志向。语本《易·系辞下》。

④揭然：显露。揭：高举，举。

⑤恻然：悲伤，悲痛。

⑥屈伸：进退。

⑦细碎：谓琐碎杂事。

⑧咨问：咨询，请教。

⑨嫌恡：猜疑悔恨。

⑩淹留：滞留，停留，谓屈居下位。

⑪不济：不成功。

⑫慷慨：情绪激昂。

⑬碌碌：平庸无能。

⑭窜伏：逃匿；隐藏。凡庸：平庸。

译文

一个人应该树立远大的理想，追慕先贤，节制情欲，去掉郁结在胸中的俗念，使接近圣贤的那种高尚志向在你身上明白地体现出来，使你内心震动、心领神会。要能够适应顺利、曲折等不同境遇的考验，摆脱琐碎事务和感情的纠缠，广泛地向人请教，根除自己怨天尤人的情绪。做到这些以后，即使也有可能在事业上暂时停步不前，但哪会损毁自己高尚的情趣，又何必担心事业不成功呢？如果志向不坚毅，思想境界不开阔，沉溺于世俗私情，碌碌无为，永远混杂在平庸的人群之后，就会难免沦落到下流社会。

感悟

从《诫子书》和《戒外生书》可以看出，诸葛亮对儿子和外甥的要求是一致的，教育他们要有远大志向，消除欲望，心态平和，珍惜光阴，重视学习。

　　诸葛亮被誉为"智慧的化身"，他的这两篇充满智慧之语的家训虽然短小精悍，却阐述了修身养性、治学做人的深刻道理，对今人仍有很大的教育意义——作为新时代接班人的我们，不仅要有崇高的理想、远大的志向，还必须有实现理想和志向的可行的措施，以及战胜困难、排除干扰的毅力，否则理想就会成为空想，甚至在浑浑噩噩中沦为平庸之人。

琅琊王氏家训

　　王祥，字休徵。琅琊临沂（今山东省临沂市西孝友村）人，三国曹魏和西晋时的大臣，书圣王羲之的族曾祖父。其本人是二十四孝中"卧冰求鲤"的主人翁，有"孝圣"之称。主要作品有《训子孙遗令》，《琅琊王氏家训》即来源于此。

　　琅琊王氏是历史上著名的簪缨世家，我国古代非常显赫的门阀士族，晋代四大盛门"王谢袁萧"之首，素有"华夏首望"的美称。据二十四史记载，从东汉至明清一千七百多年间，琅琊王氏培养了以王吉、王导、王羲之等为代表的三十五个宰相、三十六个皇后、三十六个驸马和一百八十六位文人名仕。"两晋家声远，三槐世泽长"充分概括了琅琊王氏家规家训家风所起的积极作用。

夫生之有死，自然之理。吾年八十有①五，启手②何恨？不有遗言，使尔无述③。吾生值季末④，登庸⑤历试，无毗佐⑥之勋，没⑦无以报。气绝⑧，但洗手足，不须沐浴，勿缠尸，皆浣⑨故衣⑩，随时所服。所赐山玄玉佩、卫氏玉玦⑪、绶笥⑫，皆勿以敛⑬。西芒上土自坚贞⑭，勿用甓⑮石，勿起坟⑯陇⑰。穿深二丈，椁取容棺。勿作前堂，布几筵⑱，置书箱镜奁之具，棺前但可施床榻而已。糗脯⑲各一盘，玄酒⑳一杯，为朝夕奠。家人大小不须送丧，大小祥乃设特牲㉑，无违余命。高柴泣血㉒三年，夫子谓之愚；闵子除丧出见㉓，援琴切切而哀，仲尼谓之孝。故哭泣之哀、日月降杀、饮食之宜，自有制度。夫言行㉔可覆，信㉕之至也；推美引过㉖，德之至也；扬名显㉗亲，孝之至也；兄弟怡怡㉘，宗族欣欣，悌之至也；临㉙财莫过乎让：此五者，立身之本，颜子所以为命，未之思也，夫何远之有！

——节选自《晋书·列传第三》

注释

①有：同"又"，用于整数和零数之间。

②启手：得善终。

③述：遵循，顺行。

④季末：末世。

⑤登庸：选拔重用。

⑥毗佐：辅佐。

⑦没：同"殁"，死。

⑧ 气绝：断气。

⑨ 浣：洗濯。

⑩ 故衣：以前的衣服，旧衣服。

⑪ 玉玦（jué）：一种形如环有缺口的佩玉。

⑫ 绶笥（shòu sì）：系有丝带的方形竹器，可以盛饭食或衣物。

⑬ 敛：同"殓"，给尸体穿衣入棺。

⑭ 西芒：地名。坚贞：坚硬。

⑮ 甓（pì）：砖。

⑯ 坟：古代坟和墓不同。坟指高出地面的土堆，墓指墓穴。

⑰ 陇：同"垄"，坟墓。

⑱ 几：小或矮的桌子。筵：竹席。

⑲ 糒（bèi）：干饭，干粮。脯：肉干。

⑳ 玄酒：古代祭祀时当作酒用的水。

㉑ 特：一头家畜。牲：供祭祀时食用的家畜。

㉒ 高柴：孔子的弟子，字子羔。泣血：指因为亲人去世而哀伤至极。出自《礼记·檀弓上》。

㉓ 闵子：闵子骞，孔子的弟子，名损。除丧：指除服，守孝期满，除去丧服。出自《论语·先进篇第十一》。

㉔ 言行：说和做。

㉕ 信：诚信。

㉖ 过：过失，过错。

㉗ 显：使……尊贵显耀。

㉘ 怡怡：和睦的样子。

㉙ 临：面对。

译文

　　人生而有死，这是自然规律。我已经八十五岁，死了又有什么遗憾的？但如果没有遗言，就会让你们没有可以继承的人生准则。我生在末世，多次被举用而一试才华，却没有辅助主上的功勋，死了也无法报答。我死以后，只要洗洗手和脚，不烦劳你们濯发洗身，不要用绸布缠裹尸体，把我的旧衣服都浣洗一下，将平时所穿的衣服给我穿上。主人赐给我的山玄玉玦、卫氏玉器以及系印的丝带和盛器都不要随葬。西芒山上的土质本来坚硬而纯洁，所以不要再用什么砖石，不要堆起坟丘。墓穴深挖二丈，外棺只要能容纳内棺就可以。不要设灵堂、摆宴席、安置书箱镜匣等器具，棺材前只可放置床榻罢了。干饭、干肉等各置一盘，薄酒一杯，作为早晚祭奠的祭祀品。家里大小人等都不要为我送葬，一周年祭日和两周年祭日再设牛、猪等祭品。你们不要违背我的遗命！春秋时期的高柴，为亲丧而泣血三年，孔夫子说他愚。闵子骞守孝期满后见孔子，弹琴依然琴声悲切，孔夫子说他孝。所以，悲哀地为亲人之丧而哭泣，日月都降下霜露，是因为感时念亲的缘故；丧葬期间，如何饮酒吃饭，自有古人定下的规矩。说和做能一致并且经得住时间的检验，这是诚信的最高境界；把荣誉让给别人，把责任留给自己，这是品德的最高境界；（自己修德、立业、扬名）以让自己的父母扬名显尊，这是孝的最高境界；兄弟相处融洽，家族和睦兴旺，这是悌的最高境界；面对钱财，最高尚的态度是辞让。这五点，是人立身的根本。颜回把它视为生命。你们没有想过，只要真心追求，目标怎么会遥远呢！

感悟

　　一个家族绵延不绝的传承必然有其优秀的家风和家训。在中国历史上，琅琊王氏之所以兴盛千年，与其家族子孙自觉恪守孝悌、德行、勤俭、诚信等家风家训是紧密相关的。王氏家训主张后代要注重诚信、谦让，为人处世要重义轻利，这些蕴含着孝顺、责任、忠诚等美好品德的理念，值得继承和发扬光大。

彭端淑：为学^①一首示子侄

人物名片

彭端淑（约 1699—约 1779），字乐斋，号仪一，眉州丹棱（今四川丹棱）人，清朝官员、文学家，和李调元、张问陶并称为"清代蜀中三才子"。其主要成就有《白鹤堂文集》（四卷）、《雪夜诗谈》（一卷）等，其中《为学一首示子侄》就出自《白鹤堂文集》。

天下事有难易乎？为之，则难者亦易矣；不为，则易者亦难矣。人之为学有难易乎？学之，则难者亦易矣；不学，则易者亦难矣。

吾资之昏不逮人也^②，吾材之庸不逮人也^③；旦旦^④而学之，久而不怠焉，迄^⑤乎成，而亦不知其昏与庸也。吾资之聪倍^⑥人也，吾材之敏倍人也；屏弃而不用，其与昏与庸无以异也。圣人之道，卒于鲁也传之^⑦。然则昏庸聪敏之用，岂有常^⑧哉？

蜀之鄙^⑨有二僧：其一贫，其一富。贫者语^⑩于富者曰："吾欲之南海^⑪，何如？"富者曰："子何恃而往^⑫？"曰："吾一瓶一钵^⑬足矣。"富者曰："吾数年来欲买舟^⑭而下，犹未能也。子何恃而往？"越^⑮明年，贫者自南海还，以告富者，富者有惭色。

西蜀之去南海，不知几千里也，僧富者不能至而贫者至焉。人之立志，顾^⑯不如蜀鄙之僧哉？是故聪与敏，可恃而不可恃也，自恃其

聪与敏而不学者，自败者也。昏与庸，可限而不可限⑰也；不自限其昏与庸而力学不倦者，自力⑱者也。

注释

① 为学：做学问，治学。

② 资：天资，即天赋，资质。昏：昏聩，糊涂。逮：比得上。

③ 材：资质。庸：平凡，平庸。

④ 旦旦：天天。

⑤ 迄：到，至。

⑥ 倍：加倍，超越。

⑦ 圣人之道，卒于鲁也传之：即孔子的学说最终是由较为迟钝的门徒曾参继承传于后世的。鲁：钝拙。

⑧ 常：指固定不变。

⑨ 鄙：边疆，边远地区。

⑩ 语：告诉。

⑪ 南海：指南海观音所在的普陀山。

⑫ 何：什么。恃：凭借。

⑬ 一瓶一钵：旧时僧人外出时所带的食具，特指用以化缘的餐具，瓶装水，钵盛饭。

⑭ 买舟：雇船。

⑮ 越：到了。

⑯ 顾：难道。

⑰ 限：限定，限制。

⑱ 自力：尽自己的力量。

译文

　　天下的事情有困难和容易的区别吗？如果肯做，困难的事情也变得容易了；如果不做，容易的事情也变得困难了。人们做学问有困难和容易的区别吗？如果肯学，困难的学问也变得容易了；如果不学，容易的学问也变得困难了。

　　我天资愚笨，比不上别人；我才能平庸，比不上别人。我每天持之以恒地提高自己，很久都不放纵懈怠，等到学成了，也就不觉得自己愚笨与平庸了。我天资聪明，超过别人，能力也超过别人，却不努力去发挥，即与普通人无异。孔子的学问最终是靠不怎么聪明的曾参传下来的。如此看来，聪明愚笨难道是一成不变的吗？

　　四川的边境有两个和尚，其中一个贫穷，另一个富裕。穷和尚对富和尚说："我想要到南海去，你看怎么样？"富和尚说："您凭借什么去呢？"穷和尚说："我只需要一个水瓶、一个饭钵就够了。"富和尚说："我几年来想要雇船沿着长江下游去南海，到现在也没有成功。你凭借什么去？"到了第二年，穷和尚从南海回来了，把到过南海这件事告诉富和尚。富和尚的脸上露出了惭愧的神情。

　　四川距离南海不知道有几千里路，富和尚不能到达，可是穷和尚却到达了。一个人立志求学，难道还不如四川边远的那个穷和尚吗？因此，聪明与敏捷，有用但也不可以依靠；依靠着聪明与敏捷而不努力学习的人，是自己毁了自己。愚笨和平庸可以限制才能，又不能全部限制；不被自己的愚笨平庸所局限而努力不倦地学习的人，是靠自己的努力学成的。

感悟

　　《为学一首示子侄》开篇就从难易问题着手，彭端淑认为天下之事的难易是相对的，"为之，则难者亦易矣；不为，则易者亦难矣"。换作今天的学习也是如此，只要能够脚踏实地地学习，就有收获。接着又讲了四川边境贫富两个僧人想去南海的故事，富者一直想雇船前往却不能实现，贫者苦行一年成功而返，说明了有志者事竟成的道理，点出"立志为学"这一中心命题。全文没有艰深的文辞，娓娓道来，就像语重心长的长者对晚辈劝勉的言辞，却能给读者留下深刻的印象。

颜氏家训

颜之推（531—约590以后），字介，祖籍琅琊临沂（今山东临沂），中国古代文学家、教育家。颜之推博学多识，著述颇丰，主要作品有《颜氏家训》《还冤志》《观我生赋》等，其开创了家训的先河。

《颜氏家训》对后世的影响很大，宋代朱熹的《小学》、清代陈宏谋的《养正遗规》等都取材于此。

南宋藏书家、目录学家陈振孙把《颜氏家训》誉为"古今家训之祖"。明代学者王三聘有言"古今家训，以此为祖。"

创作背景

《颜氏家训》是颜之推记述个人经历、思想、学识以告诫子孙的著作，成书于隋文帝灭陈国以后、隋炀帝即位之前。

颜之推生活的南北朝时期战乱频发，国破家亡的事情层出不穷，就颜之推本人而言，对此感同身受。再加上当时门阀制度逐渐衰败，家庭伦理观念受到了新的冲击，家庭教育的重要性愈发突出，文风的浮躁亟须务实、真实的气息来改变。《颜氏家训》就是在这样的大背景下写成的。

教妇初来，教儿婴孩

上智不教而成，下愚虽教无益，中庸之人①，不教不知也。古者，圣王有胎教之法：怀子三月，出居别宫，目不邪视，耳不妄听，音声滋味，以礼节之。书之玉版，藏诸金匮②。生子咳提③，师保④固明孝仁礼义，导习之矣。凡庶⑤纵不能尔，当及婴稚，识人颜色，知人喜怒，便加教诲，使为则为，使止则止。比及数岁，可省笞罚。父母威严而有慈，则子女畏慎而生孝矣。吾见世间，无教而有爱，每不能然；饮食运为⑥，恣其所欲，宜诫翻奖，应诃反笑，至有识知，

056

谓法当尔。骄慢已习，方复制之，捶挞至死而无威，忿怒日隆而增怨，逮于成长，终为败德。孔子云"少成若天性[7]，习惯如自然"是也。俗谚曰："教妇初来，教儿婴孩。"诚哉斯语！

注释

① 中庸之人：智力中等的人。
② 金匮：即铜质的柜子，用以收藏文献或文物。
③ 咳提：指小儿啼哭、笑闹。
④ 师保：古代担任教导皇室贵族子弟的官员，有师有保，统称师保。
⑤ 凡庶：普通人，平民百姓。
⑥ 运为：行为。
⑦ 天性：与生俱来的本性。

译文

　　智力超群的人不用教育就能成才，智力低下的人即使教育也没有用处，智力中等的人，不教育就不会明白事理。古时候，圣明的君王有胎教的方法：妃嫔怀孕三个月时，就要住到专门的房间，不该看的不看，不该听的不听，她所听的音乐、日常的饮食，都要受到礼仪的节制。这种胎教的方法刻写在玉片上，珍藏在铜质的柜子里。孩子出生后，尚未懂事时，太师、太保就对他进行孝、仁、礼、义等方面的教育，并引导他练习。平民百姓纵然不能如此，也应该在孩子能看懂大人的脸色，明白大人的喜怒时，就加以教诲，做到大人允许他做他才做，不允许他做就不做。等他长大时，就可以少受笞杖的责罚了。当父母的平时威严而且慈爱，子女就会敬畏谨慎，从而产生孝心。我看世上有些父母，对子女不加教育，只是一味溺爱，往往不以为然；他们对子女的饮食言行任意放纵，本该训诫的反而加以奖励，本该责备的反而一笑了之，孩子长大以后，就会认为理应如此。孩子骄横傲慢的习气已经养成了，这时才去制止，就算把他们鞭挞至死，也难以树立父母的威信，父母的火气一天天增加，孩子的怨恨之情也会越来越深，等到孩子长大成人，终究是道德败坏。这就是孔子所谓"少成若天性，习惯如自然"讲的道理。俗话说："教导媳妇趁新到，教育孩子要赶早。"这话一点儿不假啊！

治家"施而不奢，俭而不吝"

笞怒废于家，则竖子之过立见 ①；刑罚不中，则民无所措手足 ②。治家之宽猛，亦犹国焉。

孔子曰："奢则不孙，俭则固 ③；与其不孙也，宁固。"又云："如有周公 ④ 之才之美，使骄且吝，其余不足观也已。"然则可俭而不可吝已。俭者，省约为礼之谓也；吝者，穷急不恤之谓也。今有施则奢，俭则吝；如能施而不奢，俭而不吝，可矣。

注释

① 竖子：未成年的人。见：同"现"，出现。
② 中：合适。措：安放。
③ 孙：同"逊"，恭顺。固：鄙陋。
④ 周公：姬旦，周文王之子。

译文

如果家庭内部取消了鞭笞一类的体罚，孩子们的过失马上就会出现；如果国家的刑罚施用不当，老百姓就会手足无措。治理家庭的宽严标准也要像治理国家一样恰当。

孔子说："奢侈就显得不恭顺，俭朴就显得鄙陋。与其不恭顺，宁可鄙陋。"孔子又说："假如一个人有周公那样的才华和美德，但只要他既骄傲又吝啬，那么其他方面也就不值得一看了。"为人要节俭但是不能吝啬。节俭，是指减省节约以合乎礼数；吝啬，是指对穷困急难的人也不救济。现在人肯施舍的却也奢侈，节俭的人却又吝啬；如果能做到肯施舍而不奢侈，能节俭而不吝啬，那就好了。

读书"安可不自勉耶"

　　梁朝全盛之时，贵游子弟①，多无学术，至于谚云："上车不落则著作，体中何如则秘书②。"无不熏衣剃面，傅粉施朱，驾长檐车③，跟高齿屐④，坐棋子方褥⑤，凭斑丝隐囊⑥，列器玩于左右，从容出入，望若神仙。明经⑦求第，则顾人答策⑧；三九⑨公宴，则假手赋诗。当尔之时，亦快士⑩也。及离乱之后，朝市⑪迁革，铨衡⑫选举，非复曩者之亲；当路秉权，不见昔时之党。求诸身而无所得，施之世而无所用。被褐而丧珠，失皮而露质，兀若枯木，泊若穷流，鹿独⑬戎马之间，转死沟壑之际。当尔之时，诚驽材也。有学艺者，触地而安。自荒乱以来，诸见俘虏。虽百世小人，知读《论语》《孝经》者，尚为人师；虽千载冠冕，不晓书记者，莫不耕田养马。以此观之，安可不自勉耶？若能常保数百卷书，千载终不为小人也。

注释

①贵游子弟：无官职的王公贵族叫贵游，亦泛指显贵者。

②著作：即著作郎，官名，掌编纂国史。体中何如：当时书信中的客套话。

③长檐车：一种用车幔覆盖整个车身的车子。

④高齿屐：一种装有高齿的木底鞋。

⑤棋子方褥：一种用方格图案的织品制成的方形坐褥。

⑥隐囊：靠枕。

⑦明经：以经义取士，谓之明经。

⑧顾：同"雇"。答策：回答皇帝的策问。

⑨三九：即三公九卿，泛指朝官重臣。

⑩快士：优秀人物。

⑪朝市：此指朝廷。

⑫ 铨衡：考核选拔人才。

⑬ 鹿独：落拓，颠沛流离的样子。

译文

梁朝全盛之时，那些贵族子弟大多不学无术，以至于当时的谚语说："上车不跌跤就可以当著作郎，会说身体好就做秘书官。"这些贵族子弟没有一个不是以香料熏衣，修剃脸面，涂脂抹粉的；他们外出乘的是长檐车，走路穿的是高齿屐，坐着织有方格图案的丝绸坐褥，倚靠着五彩丝线织成的靠枕，身边摆的是各种古玩，进进出出从容自如，看上去就像神仙。到明经答问求取功名的时候，就雇人顶替去应试；三公九卿列席的宴会上，他们就借别人之手来作诗。在这种时刻，他们倒也像个人物。等到动乱来临，朝廷变革，负责考察选拔官吏的，不再是过去的亲信，在朝中执掌大权的，也不再是旧日的同党。这时候，这些贵族子弟们一无所长，想在社会上发挥作用，又毫无本事。他们只能身穿粗麻衣服，卖掉家中的珠宝，失去华丽的外表，露出本来的面目，呆头呆脑像段枯木，有气无力像条即将干涸的河流，在乱军中颠沛流离，最后抛尸于荒沟野壑之中。在这种时候，这些贵族子弟就成了地地道道的蠢材。而那些有学问有手艺的人，无

论走到哪里都能站稳脚跟。自从兵荒马乱以来，我见过不少俘虏，有些人虽然世世代代都是平民百姓，但由于懂得《论语》《孝经》，还给别人当老师；有些人虽然是世代相传的世家大族子弟，但由于不会书写，最终沦落到给别人耕田养马的地步。这样看来，怎么能不勉励自己努力学习呢？如果能够经常保存几百卷书籍，就是再过一千年也不会沦为贫贱之人。

读书"学之所知，施无不达"

夫所以读书学问，本欲开心明目，利于行耳。未知养亲者，欲其观古人之先意承颜①，怡声下气②，不惮劬劳③，以致甘腝④，惕然惭惧，起而行之也。未知事君者，欲其观古人之守职无侵，见危授命⑤，不忘诚谏，以利社稷，恻然自念，思欲效之也。素骄奢者，欲其观古人之恭俭节用，卑以自牧⑥，礼为教本，敬者身基，瞿然自失，敛容抑志也；素鄙吝者，欲其观古人之贵义轻财，少私寡欲，忌盈恶满，赒穷恤匮，赧然悔耻，积而能散也；素暴悍者，欲其观古人

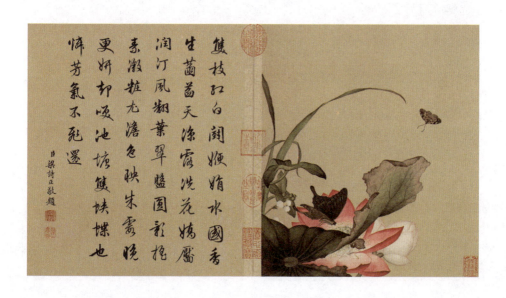

之小心黜己，齿弊舌存，含垢藏疾，尊贤容众，苶然⑦沮丧，若不胜衣⑧也；素怯懦者，欲其观古人之达生委命⑨，强毅正直，立言必信，求福不回⑩，勃然奋厉，不可恐慑也：历兹以往，百行皆然。纵不能淳，去泰去甚⑪。学之所知，施无不达。

世人读书者，但能言之，不能行之，忠孝无闻，仁义不足；加以断一条讼，不必得其理；宰千户县⑫，不必理其民；问其造屋，不必知楣横而棁竖也⑬；问其为田，不必知稷早而黍迟也；吟啸谈谑，讽咏辞赋，事既优闲，材增迂诞⑭，军国经纶，略无施用，故为武人俗吏所共嗤诋，良⑮由是乎！

注释

① 先意承颜：指孝子先探知父母之意而承顺其志。

② 怡声下气：指声气和悦，形容恭顺的样子。

③ 劬（qú）劳：劳累。

④ 腝（ruǎn）：肉柔软脆嫩。

⑤ 授命：献出生命。

⑥卑以自牧：以谦卑自守。

⑦苶（nié）然：疲倦的样子。

⑧不胜衣：形容身体弱，弱得加一件衣服都重得受不了。这里形容谦恭退让的样子。

⑨达生：不受世务牵累。委命：听任命运支配。

⑩不回：不违先祖之道。

⑪去泰去甚：去其过甚，谓事宜适中。

⑫千户县：指最小的县。

⑬楣：房屋的横梁。棁（zhuō）：梁上的短柱。

⑭迂诞：迂阔荒诞。

⑮良：的确，真的。

译文

　　人之所以要读书学习，本来是为了开发心智，提高认识，以利于自己的行动。对那些不知道如何奉养父母的人，要让他们看看古人如何体察父母心意，顺承父母的愿望办事，如何轻言细语、和颜悦色地与父母谈话，如何不辞劳苦地为父母准备美味可口的食品，使他们感到畏惧惭

愧，转而孝敬父母。对那些不知道如何侍奉国君的人，要让他们看看古人如何坚守职责，不侵凌犯上，在危急关头不惜献出生命，不忘自己忠心劝谏的职责，使他们痛心地对照自己，进而想去效法古人。对那些平时骄横奢侈的人，要让他们看看古人如何恭谨俭朴，节约用度，谦卑自守，以礼为教化之本，以敬为立身之根，使他们震惊变色，自感若有所失，从而收敛骄横之态，抑制骄奢的习性。对那些向来浅薄吝啬的人，要让他们看看古人如何重义轻财，少私寡欲，忌盈恶满，如何体恤救济穷人，使他们面红耳赤，产生懊悔羞耻之心，从而做到既能积财，又能散财。对那些平时暴虐凶悍的人，要让他们看看古人如何小心恭谨约束自我，懂得齿亡舌存的道理，如何宽宏大量，尊重贤士，容纳众人，使他们气焰顿消，显出谦恭退让的态度。对那些平时胆小懦弱的人，要让他们看看古人如何看透人生，不辱天命，如何强毅正直，说话算数，如何祈求福运，不违祖道，使他们能奋发振作，无所畏惧。由此类推，各方面的品行都用以上的方式来培养。即使不能使风气淳厚，也能去掉那些极端的不良行为。从学习中获取的知识，到哪里都能运用。

然而现在有一些读书人，只知道空谈，却不付诸行动，忠孝谈不上，仁义也欠缺，再加上他们审断一桩官司，不一定了解其中的道理；主管一个小县，不一定能管理好百姓；问他们怎样造房子，不一定知道楣是横着放而棁是竖着放；问他们怎样种田，不一定知道谷子要早下种而粟子要晚下种。他们整天只知道吟咏歌唱，谈笑戏谑，写诗作赋，悠闲自在，除了做一些迂阔荒诞的事情外，对于治军治国则毫无办法。所以，他们被那些武官胥吏嗤笑辱骂，确实是有原因的。

校定书籍"不可偏信一隅也"

校定①书籍，亦何容易，自扬雄、刘向，方称此职耳。观天下书未遍，不得妄下雌黄^②。或彼以为非，此以为是；或本同末异^③；或两文皆欠^④，不可偏信一隅也^⑤。

注释

① 校(jiào)定：考核订正。

② 雌黄：古人以黄纸写字，有误，则以雌黄涂去。因此称改易文字为雌黄。

③ 本同末异：是指根本上相同，末节上不同。

④ 欠：不足。

⑤ 一隅(yú)：指一隅之见，片面的见解。

译文

校订书籍，是很不容易的，只有扬雄、刘向这类人才算得上是称职的。如果天下的书籍没有看遍，就不能妄加改动书籍的文字。有时那个版本认为是错误的，这个又认为是正确的；有时两个版本大同小异；有时两个版本的同一处文字都有偏颇，所以不可以偏信一个方面。

学问有利钝，文章有巧拙

学问有利钝，文章有巧拙。钝学累功，不妨精熟；拙文研思，终归蚩鄙。但成学士，自足为人。必乏天才，勿强操笔。吾见世人，至无才思，自谓清华，流布丑拙，亦以众矣，江南号为詅痴符^①。近在并州，有一士族，好为可笑诗赋，诮擎^②邢、魏诸公，众共嘲弄，虚

晨葩吐萼花苞蒔
就新晴玉瓷泰仙蕊
金絲雜綠英色會
潑墨潑氣逐彩雲
生美詩湯平調天
香自有情　詠各種牧丹

相赞说，便击牛酾酒，招延声誉。其妻，明鉴妇人也，泣而谏之。此人叹曰："才华不为妻子所容，何况行路^③！"至死不觉。自见之谓明，此诚难也。

学为文章，先谋亲友^④，得其评裁，知可施行，然后出手；慎勿师心自任^⑤，取笑旁人也。自古执笔为文者，何可胜言^⑥。然至于宏丽精华^⑦，不过数十篇耳。但使不失体裁^⑧，辞意可观，便称才士；要须动俗盖世^⑨，亦俟河之清乎^⑩！

注释

① 詅（líng）痴符：古代方言，指没有才学而好夸耀的人。詅：叫卖。

② 誂（tiǎo）：戏弄。擎（piě）：古同"撇"，挥去。

③ 行路：与己不相干的人。

④ 谋：计议，商议。

⑤ 师心自任：以心为师，自以为是。

⑥ 何可胜言：指难以尽数列举。

⑦ 宏丽：宏伟壮丽。精华：指事物之最精粹、最优秀的部分。

⑧ 体裁：指诗文的结构及文风辞藻。

⑨ 动俗：感动流俗。盖世：指文才高出当代之上。

⑩ 俟河之清：等待黄河由浊变清，比喻期望的事情不可能实现或难以实现。语出自《左传·襄公八年》。

译文

做学问有敏捷与迟钝之别，写文章有

精巧与拙劣之别。做学问迟钝的人不懈努力，能达到精通熟练的水平；写文章拙劣的人尽管反复钻研思考，其文章还是难免粗野鄙陋。只要能成为有学之士，也足以在世上为人了。如果确实缺乏写作天分，就不要勉强去写文章。我看世上有些人，一点才思也没有，却自称文章清丽华美，让丑陋拙劣的文章到处流传，这种人实在是太多了，江南称他们为"詅痴符"。最近在并州有一位士族，喜欢写一些可笑的诗赋，与刑邵、魏收等人戏言谈笑，大家都来嘲弄这位士族，假意称赞他的诗赋，他便信以为真，杀牛斟酒准备请客招延名声。他的妻子是一个明白事理的人，哭着劝他别这样做。这位士族叹息着说："我的才华不被妻子所认可，何况不相干的人呢？"他至死也没有觉悟。看清自己才可称得上聪明，这确实不容易做到啊。

学习写文章，应先找亲友征求意见，经过他们的评点，知道怎样写了，然后才动笔写；切莫由着性子自作主张，以致被别人耻笑。自古以来执笔写文章的人多得数不清，但能够称得上宏丽精美文章的，不过几十篇而已。只要文章没有违背体裁结构，辞意还说得过去，就可称为才士了；要使文章惊世骇俗，恐怕要等到黄河变清的那一天才有可能吧！

名之与实　犹形之与影

名之与实①，犹形之与影也。德艺周厚②，则名必善焉；容色姝丽，则影必美焉。今不修身而求令名于世者，犹貌甚恶而责妍影于镜也。上士忘名，中士立名，下士窃名。忘名者，体道③合德，享鬼神之福祐，非所以求名也；立名者，修身慎行，惧荣观④之不显，非所以让名也；窃名者，厚貌深奸，干浮华之虚称⑤，非所以得名也。

注释

① 名：名声。实：实质，实际。
② 德艺：德行才艺。周厚：周洽笃厚。
③ 道：事理，规律。
④ 荣观：荣名，荣誉。
⑤ 干：谋求。虚称：虚名。

译文

名声之于实际，就像形体之于影像。德才周全深厚的人，名声必然美好；容貌美丽的人，则影像也必然美丽。现在某些人不注重身心修养，却企求在世上有个好名声，就好比容貌十分丑陋却要求漂亮的影像出现在镜子中一样。德行高的人不在乎名声，一般人努力扬名，没有德行的人竭力窃取名声。忘掉名声的人，能够认识事物的规律，使言行符合道德规范，享受鬼神的赐福和保佑，他们并不是靠追求而得到名声的；树立名声的人，努力提高品德修养，谨慎行事，担心自己的荣名不能得到显扬，他们对名声是不会谦让的；窃取名声的人，貌似忠厚而心怀大奸，求取浮华的虚名，他们是不会得到好名声的。

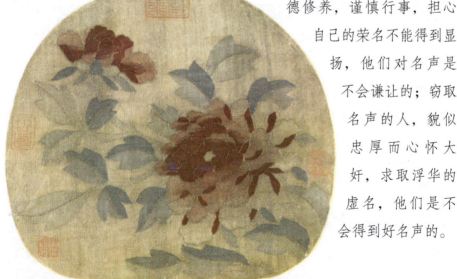

君子之处世，贵能有益于物

　　士君子之处世，贵能有益于物耳，不徒高谈虚论，左琴右书，以费人君禄位也。国之用材，大较不过六事：一则朝廷之臣，取其鉴达治体①，经纶博雅；二则文史之臣，取其著述宪章，不忘前古；三则军旅之臣，取其断决有谋，强干习事；四则藩屏②之臣，取其明练风俗，清白爱民；五则使命之臣③，取其识变从宜，不辱君命；六则兴造之臣，取其程功④节费，开略有术，此则皆勤学守行者所能辨也。人性有长短，岂责具美于六涂⑤哉？但当皆晓指趣，能守一职，便无愧⑥耳。

　　古人欲知稼穑之艰难，斯盖贵谷务本之道也。夫食为民天，民非食不生矣，三日不粒⑦，父子不能相存。耕种之，莳鉏⑧之，刈获之，载积之，打拂之，簸扬之，凡几涉手，而入仓廪，安可轻农事而贵末业哉？江南朝士，因晋中兴，南渡江，卒为羁旅，至今八九世，未有力田，悉资俸禄而食耳。假令有者，皆信僮仆为之，未尝目观起一坺⑨土，耘一株苗；不知几月当下，几月当收，安识世间余务乎？故治官则不了，营家则不办，皆优闲不过也。

注释

　　① 体：指国家的体制、法度。

　　② 藩屏：藩篱屏蔽，比

喻藩国。

③ 使命之臣：指奉命出使的外交官员。

④ 程功：衡量功绩，计算完成工程的进度。

⑤ 六涂：指上文所说的"六事"。

⑥ 愧：羞愧，惭愧。

⑦ 粒：以谷米为食。

⑧ 莜（hāo）：同"薅"，除草。鉏：农具名，即锄。

⑨ 垡（fá）：同"坺"，耕地时翻起的土块。

译文

　　君子立身处世，贵在有益于人，不能光是高谈阔论，弹琴练字，以此耗费君主给他的俸禄官位。国家使用的人才，大体不外乎六种：第一种是朝廷处理政务的大臣，看重的是他们通晓治理国家的体制、法度，学问广博，品德高尚；第二种是掌管文

史的大臣，看重的是他们能撰述典章，阐释彰明前人治乱兴革之由，使今人不忘前人的经验教训；第三种是统领军队的将军，看重的是他们能多谋善断，强悍干练，熟悉战阵；第四种是驻守边疆的官吏，看重的是他们通晓当地民风民俗，勤政爱民；第五种是出使外邦的大臣，看重的是他们能够洞察情况变化，随机应变，不辜负国君交付的使命；第六种是负责兴造的大臣，看重的是他们能考核工程节约费用，在节省开支的基础上多做事情。以上种种，都是勤于学习、品行

端正的人所能办到的。人的资质有高下，哪能要求一个人把以上"六事"都办得完美呢？只要对这些都通晓大意，而做好其中的一个方面，也就无愧于心了。

古人想了解农事的艰难，这大约体现了重视粮食生产、以农为本的思想。吃饭是民生第一大事，老百姓没有粮食就不能生存，三天不吃饭的话，父子之间也无法相互救助了。种一茬庄稼，要经过耕地、播种、除草、收割、运载、脱粒、扬谷等多道工序，粮食才能入仓，怎么能轻视农业而重视商业呢？在江南为官的士大夫们，随着晋朝的中兴，南渡过江，最后客居异乡的，到现在也经历八九代了，还从来没有下力气种过田，全靠俸禄生活。即使他们有田产，也都是靠奴仆们耕种，从未亲眼见别人翻一次土，种一株苗；他们连几月份播种、几月份收割都不知道，哪能知道如何处理世间的其他事务呢？他们做官时，不明晓为官之道，理家则不会经营，这都是生活悠闲带来的危害。

欲不可纵，志不可满

《礼》云："欲不可纵，志不可满。"宇宙可臻①其极，情性不知其穷，唯在少欲知足，为立涯限②尔。先祖靖侯戒子侄曰："汝家书生门户，世无富贵；自今仕宦不可过二千石③，婚姻勿贪势家。"吾终身服膺④，以为名言也。

> **注释**
>
> ① 臻（zhēn）：达到。
> ② 涯限：界限。

③二千石：汉制，郡守俸禄为二千石，后来二千石便成了郡守的代称。

④服膺（yīng）：铭记在心，衷心信奉。

译文

《礼记》上说："欲望不能放纵，志向不能满足。"宇宙之大，还可达到极限，而人的欲望却是无穷尽的，只有寡欲而知足，为自己划定限度。先祖靖侯曾告诫子侄们说："你们家是书生门户，世世代代没有富贵过。从现在起，你们为官，不可担任俸禄超过二千石的官职，婚姻嫁娶不要攀附地位显赫的人家。"我对这些话终生信奉，牢记心间，并把它作为至理名言。

感 悟

颜之推在《颜氏家训》中通过对教育子女的各种方式进行比较，对孔子"少成若天性，习惯如自然"的认知表示赞同。颜之推认为，教育孩子应该从孩提时代，甚至婴儿时期做起，让孩子从小在心中根植正确的观念，才不至于使孩子"败德"。时至今日，这种教育理念仍值得我们学习。

家风家训家书

颜氏家训

包拯家训

包拯（999—1062），字希仁，庐州合肥（今安徽合肥肥东）人，北宋名臣。其主要作品有《包孝肃公奏议》。其廉洁公正、立朝刚毅、不附权贵、铁面无私，素有"包青天""包公"之名。

创作背景

《包拯家训》并不是包拯的遗嘱，而是他身居高位的时候写的，让包氏后辈以此来规范言行，做到廉洁奉公。

包孝肃公^①家训^②云：后世子孙仕宦^③，有犯赃滥^④者，不得放归本家；亡殁^⑤之后，不得葬于大茔^⑥之中。不从吾志，非吾子孙。

——节选自［南宋］吴曾《能改斋漫录》

注释

①包孝肃公：即包拯，他的谥号为孝肃。

②训：教导。

③仕宦：做官。

④赃滥：贪污财物。滥，贪。

⑤亡殁（mò）：死亡。

⑥大茔（yíng）：坟墓，此处指祖坟。

译文

包拯在家训中说道："后代子孙做官的人中，如果有因贪赃枉法撤职的人，活着不允许进包家门；死了之后，也不允许葬在包家祖坟中。不顺从我志向的，就不是我的子孙。"

感悟

《包拯家训》的中心思想是做人不能贪图功名利禄，为人要诚实正直。这一家训既是包拯规范后代子孙的戒条，也是他一生的行为准则，展现出他疾恶如仇、惩恶扬善的性格特征。

王夫之：示子侄

人物名片

王夫之（1619—1692），字而农，号姜斋，人称"船山先生"，湖广衡阳县（今湖南衡阳）人。明末清初思想家，和顾炎武、黄宗羲、唐甄并称"明末清初四大启蒙思想家"。他的父亲是学者王朝聘。代表作有《周易外传》《宋论》《春秋世论》等。

　　立志之始，在脱习气。习气薰人，不醪①而醉。其始无端，其终无谓。袖中挥拳，针尖竞利。狂在须臾，九牛莫制。岂有丈夫，忍以身试！彼可怜悯，我实惭愧。前有千古，后有百世。广延九州，旁及四裔②。何所羁络，何所拘执？焉有骐驹③，随行逐队？无尽之财，岂吾之积？目前之人，皆吾之治。特不屑耳。岂为吾累！

潇洒安康，天君无系。亭亭鼎鼎④，风光月霁⑤。以之读书，得古人意；以之立身，踞豪杰地；以之事亲⑥，所养惟志；以之交友，所合惟义。惟其超越，是以和易。光芒烛天，芳菲匝⑦地。深潭映碧，春山凝翠。寿考维祺⑧，念之不昧。

——节选自〔明〕王夫之《姜斋文集补遗卷一》

注释

①醪（láo）：浊酒，醇酒。这里用作动词，指喝酒。

②四裔（yì）：四方极远之地。裔：边远的地方。

③骐驹（qí jū）：骏马，这里指志在千里的人。

④亭亭鼎鼎：高洁得体的样子。出自唐朝诗人元稹的《高荷》："亭亭自抬举，鼎鼎难藏擪（yè）。"

⑤霁（jì）：雨后或雪后转晴。

⑥事亲：侍奉父母。

⑦匝（zā）地：遍地，满地。

⑧寿考：长寿，年高。维祺：维持吉祥。

译文

立志之初，要改掉不良习气。不良习气影响人，不用喝酒就能使人醺醉。它是来去都不见痕迹的。如果与人激烈争执，那么即使是细微的小事，也会造成冲突损伤。如果一时沉不住气而狂妄冲动，那么

 家风家训家书

王夫之：示子侄

即使有九牛二虎之力也难以制止他。哪有一个堂堂男子汉，愿意去那样做的？如此做的人实在值得怜悯，自己也会深感惭愧。胸襟眼界要开阔，在我之前有千古之久，在我之后有百代之远。地域广大至整个天下，旁及四方的边界，我有何局限牵制呢？而一个有志向的人，又哪里会平平庸庸地与世沉浮呢？无穷的财富，怎会是我要蓄积的物品？而眼前这些人，都是我要影响教化的对象，只要心中并不在意他们的豪强，又怎会成为我的牵绊？

为人洒脱恢宏，安详和顺，心中便坦然无愧。人格崇高，气度恢宏，胸襟开阔，用这种态度去读书，就能领略古人的意境；用这种胸怀来立身处世，便如同立于豪杰之地；这样去侍奉双亲，便能涵养出高尚的气节；这样去交友，就能处事契合义理。就是有了这样恢宏超然的气度，所以才能如此温和平易。这个人的人品照耀天际，犹如花草芳香，遍及大地。如深远的潭水，澄澈映照，又如同春天的青山，苍翠浓绿。能够享高寿、致吉祥，终身谨念不失。

朱子治家格言

朱用纯（1627—1698），号柏庐，字致一，明末清初江苏昆山人，著名理学家、教育家。代表作有《四书讲义》《春秋五传酌解》《朱柏庐治家格言》等，其中《朱柏庐治家格言》又名《朱子家训》，流传很广，被历代士大夫尊为"治家之经"。

黎明即起，洒扫庭除①，要内外整洁。既昏便息，关②锁门户，必亲自检点。

一粥一饭，当思来处不易；半丝半缕，恒念物力维艰③。

宜未雨而绸缪④，毋临渴而掘井。

自奉必须俭约⑤，宴客切勿留连⑥。器具质而洁，瓦缶⑦胜金玉。饮食约而精，园蔬胜珍馐⑧。勿营华屋，勿谋良田。

三姑六婆⑨，实淫盗之媒；婢美妾娇，非闺房之福。奴仆勿用俊美，妻妾切忌艳妆。祖宗虽远，祭祀不可不诚。子孙虽愚，经书不可不读。居身⑩务期质朴，教子要有义方⑪。

勿贪意外之财，勿饮过量之酒。

与肩挑贸易，勿占便宜；见贫苦亲邻，须多温恤。刻薄成家，理无久享。伦常乖舛⑫，立见消亡。兄弟叔侄，须分多润寡⑬。长幼内外，宜法肃辞严。听妇言，乖骨肉，岂是丈夫？重资财，薄父母，不成人子。嫁女择贤婿，毋索重聘。娶媳求淑女，毋计厚奁。见富贵而生谗容⑭者，最可耻。遇贫穷而作骄态者，贱莫甚。

居家戒争讼，讼则终凶。处世戒多言，言多必失。毋恃势力而凌逼孤寡⑮，勿贪口腹而恣杀牲禽。乖僻自是⑯，悔误必多。颓惰自甘⑰，家道难成。狎昵恶少⑱，久必受其累。屈志老成，急则可相依。轻听发言，安知非人之谮诉⑲，当忍耐三思。因事相争，安知非我之不是，须平心暗想。施惠勿念，受恩莫忘。凡事当留余地，得意不宜再往。人有喜庆，不可生妒忌心。人有祸患，不可生喜幸心。善欲人见，不是真善。恶恐人知，便是大恶。见色而起淫心，报在妻女。匿怨而用暗箭⑳，祸延子孙。家门和顺，虽饔飧不继㉑，亦有余欢。国课早完，即囊橐无余㉒，自得至乐。读书志在圣贤，为官心存君国。守分安命，顺时听天。为人若此，庶乎近焉㉓。

注释

①庭除：庭院和台阶。除，台阶。

②关：门闩，闩门的横木。

③恒念物力维艰：经常记住每生产一样东西都是很艰难的。恒，经常。

④未雨而绸缪（chóu móu）：天还没有下雨，就先把房屋的门窗修缮加固。比喻事先做好准备工作。绸缪，修补。

⑤俭约：勤俭节约。

⑥留连：舍不得离开。这里指爱惜财物。

⑦瓦缶（fǒu）：一种小口大肚的瓦器。

⑧珍馐（xiū）：美食。珍，山珍，精美的食物。

⑨三姑六婆：三姑，指尼姑、道姑、卦姑；六婆，指牙婆、媒婆、师婆、虔婆、药婆和稳婆。

⑩ 居身：安身，立身处世。

⑪ 义方：行事应该遵守的规范和道理。这里指儒家纲常伦理。

⑫ 伦常乖舛（chuǎn）：行为违反纲常伦理。乖舛，背离，违背。

⑬ 分多润寡：把多余的财富分出一部分帮助财富少的人。

⑭ 谗（chán）容：谄媚讨好的样子。

⑮ 孤寡：孤儿寡母。幼而丧父称为孤，老而丧夫称为寡。

⑯ 乖僻自是：行为乖戾，违反常理，却自以为是。

⑰ 颓惰自甘：颓废懒惰，不肯努力，却自得其乐。

⑱ 狎昵（xiá nì）恶少：对行为不端的少年过分亲密，且又态度随便，不能自重。

⑲ 谮（zèn）诉：私下诋毁别人，说别人的坏话。

⑳ 匿怨而用暗箭：因对某人私下有怨恨而暗地里对其进行攻击。

㉑ 饔飧（yōng sūn）不继：吃了上顿没有下顿。饔，早饭；飧，晚饭。

㉒ 囊橐（náng tuó）无余：口袋中没有多余的钱。囊，袋子；橐，口袋。

㉓ 庶乎近焉：大概就差不多了。

黎明的时候就要起床，把院子和台阶打扫干净，室内室外都要保持干净整洁。太阳落山的时候就要休息，一定要亲自查看门闩是否落锁，窗户是否关闭，以确保安全。

一碗粥，一餐饭，都要想一想来之不易；半点丝，半缕线，也要经常想一想生产出来要经历多少艰辛。

凡事都要先有个准备，把该做的事情做在前面，就像天还没有下雨，就把房屋修葺好一样；不要事情到了急处，才想起来要做准备，就像口渴的时候才想起来要挖井那样。

平时的衣食住行必须勤俭节约，但是招待客人的时候，一定不要吝惜财物，以免给人小气吝啬的印象。饮食器具工艺讲究，干净清洁，哪怕只是陶瓷类制品，也要胜过那些不洁净的金玉制品。饮食适口对味，少而精细，假如能够做到这一点，园中的蔬菜也要胜过美味佳肴。不要建造高大奢华的房子，不要想占有多少良田。

三姑六婆等走街串巷的女子，实际上都是教唆人们诲淫诲盗的人；漂亮的使女和小妾充斥闺房，绝对不要认为是主人的福分。不要

用俊秀貌美的奴仆，不要让妻妾浓妆艳抹。祖宗虽然离人们似乎很遥远，但祭祀祖宗这事却不能有丝毫的不诚之心。子孙即使愚昧不开明，但也教他们学习儒家的经典。立身处世一定要以淳厚朴实为原则，教育子女一定要以儒家的伦理道德规范为重。

不要贪图意外之财，饮酒不要过量。

和走街串巷做小生意的人做买卖，不要贪占他们的便宜；看见贫困的亲戚邻居，一定要多给予他们温暖和体恤。待人刻薄寡恩，这样的人持家，其家庭肯定不会长久和睦。行为违背纲常伦理，这样的人难以长久立身在这个世界上，往往很快就会消亡。兄弟叔侄之间要互相帮助，财富多的最好分出一部分给财富少的人。不论长幼还是内外，如果犯了错误，都应该严肃家法，严词训斥。若因听信妻妾的话而使父子兄弟之间产生矛盾，反目成仇，这怎么能称为大丈夫？过分看重钱财而对父母十分刻薄，那还算是什么子女？嫁闺女一定要选择有德才的女婿，而不是看对方家庭是否富裕，不要索要很多的彩礼。娶媳妇要娶善良的女子，而不要计较嫁妆的多少。遇见富贵之人就表现出谄媚讨好的样子，最为可耻。遇到贫穷的人就骄横跋扈，最为卑贱。

居家过日子，切记不要打官司，一旦惹上官司，终究要家破人亡。为人处世要避免多说话，说话多了必定有说得不对的地方。不要恃强凌弱，依仗权势欺凌孤儿寡母；不要贪图美味，为满足口腹之欲而滥杀牲畜家禽。行为乖戾却自以为是的人，将来一定会有很多追悔莫及的事；颓废懒惰却自甘现状的人，终究难以成家立业。如果和行为不端的邪恶少年过分亲密，态度随便，不能自重，那么天长日久必定受其连累。能够委屈自己而与老成持重的人交往，一旦遇到急难之事，老成持重之人则可依靠。如果轻信别人说的话，怎么知道他不是在私下诋毁他人呢？即使听到不利于自己的话，也要能够忍耐，三思而后行。因事和别人争执，怎么知道错不在己呢？要平心静气地想一想，是否是自己的错。对人有恩惠有帮助，不要老是想它，不要期待人家对你感恩酬谢；别人对你有恩，要念念不忘，切莫忘记报答。不论做什么事情，都不可太过，都应该留有余地；好事能有一次就不错了，要知足常乐，不要想再二再三，好事不可能总是让你一个人遇到。别人有喜庆之事，不要害红眼病，心里妒忌人家；别人遇到不幸，不要幸灾乐祸，暗自庆幸。做了善事就想让人家知道，这样的善事不是真正的善事；做了坏事怕人知道，这样的坏事是真正的大恶。遇见美色就生出奸淫的念头，就会报应在自己的妻子和女儿身上；对某人怀有怨恨而暗地里对其进行人身攻击，灾祸就会延及子孙。只要家庭和睦，一切顺遂，哪怕是吃了上顿没下顿，也会欢乐有余；不欠国家的租税，即使口袋空空，也会自得其乐。读书要读古代圣贤之书，向圣贤学习，努力成为圣贤；做官要心里想着君王和国家，时刻把君王和国家放在首位。坚守本分，安于命运，顺应时势，听从天意。一个人如果能够在修身养性、居家生活、读书学习、为人处世、待人接物等方面，做到了上述所说的这些，就很完美了。

　　朱用纯讲的许多道理，都是其人生经验的总结，富有生活哲理，发人深省，尤其是在治家方面，确实有不少属于"格言"，值得人们深思和借鉴。有关勤俭持家、家庭和睦、努力奋斗、积极向上的内容，在今天看来，仍旧有积极意义。但是不可否认，其中许多道理都和儒家宣扬的纲常伦理相联系，而儒家的纲常伦理，有不少已经和时代精神格格不入，其对人性的束缚、对创造力的排斥、对个性精神的压抑显而易见，因此，应有所区分，有所甄别，有所扬弃。朱用纯最终把一切都归结为"守分安命，顺时听天"，要人们安分守己，一切听从命运的安排，具有明显的消极意义，一定程度上削弱了《朱子家训》的积极意义。因此，我们应该取其精华，去其糟粕，有选择地学习。

张英：终身让路，不失尺寸①

人物名片

张英（1637—1708），字敦复，一字梦敦，号乐圃，又号倦圃翁，安徽桐城人。清朝大臣，张廷玉之父。康熙六年（1667年），考中进士，选为庶吉士，官至文华殿大学士、礼部尚书。先后充任纂修《国史》《大清一统志》《渊鉴类函》《政治典训》《平定朔漠方略》总裁官。康熙四十七年（1708年），卒，谥号文端。

古人有言："终身让路，不失尺寸。"老氏以让为宝②，左氏曰："让，德之本也。"

处里闬③之间，信世俗之言，不过曰："渐不可长④。"不过曰："后将更甚。"是大不然⑤。

人孰无天理良心、是非公道？揆之天道⑥，有满损虚益⑦之义；揆之鬼神，有亏盈福谦⑧之理。

自古只闻忍与让足以消无穷之灾悔⑨，未闻忍与让翻以酿后来之祸患也。

欲行忍让之道，先须从小事做起。

余曾署刑部事五十日，见天下大讼大狱⑩，多从极小事起。君子敬小慎微⑪，凡事知从小处了⑫。

余行年五十余，生平未尝多受小人之侮，只有一善策：能转湾[13]早耳。每思天下事，受得小气则不至于受大气，吃得小亏则不至于吃大亏，此生平得力之处。

凡事最不可想占便宜，子曰："放于利而行，多怨。"[14]

便宜者，天下人之所共争也。我一人据之，则怨萃[15]于我矣；我失便宜，则众怨消矣。故终身失便宜，乃终身得便宜也。

——节选自《聪训斋语》

注释

①"终身让路"两句：出自《新唐书》卷一一五《朱敬则传》："敬则兄仁轨，字德容，隐居养亲。常诲子弟曰：'终身让路，不枉百步；终身让畔，不失一段。'"又《汉书》卷六八《霍光传》有"不失尺寸"的语句，形容霍光进退殿门的停留处十分固定，几乎没有分寸差别。此处借用词汇，综合上述两者而用为古语。

②老氏以让为宝：这里应谓老子"不敢为天下先"的思想，即谦让和不争。《老子》第六十七章："我有三宝，持而宝之：一曰慈，二曰俭，三曰不敢为天下先。慈故能勇，俭故能广，不敢为天下先，故能成器长。"

③里闬（hàn）：里门，代指乡里。

④渐不可长：指刚露头的不好的事物不能允许其发展滋长。

张英：终身让路，不失尺寸

⑤ 是大不然：这非常不正确。

⑥ 揆（kuí）之天道：揆，衡量；天道，天理，天意。

⑦ 满损虚益：指自满招致损失，谦虚得到益处。语出《尚书·大禹谟》："满招损，谦受益，时乃天道。"

⑧ 亏盈福谦：指骄傲自满者受损害，谦虚者得福。语出《易·谦·象》"鬼神害盈而福谦，人道恶盈而好谦。"亏，义同"害"，此处指皆有损害。

⑨ 灾悔：指灾难和后悔。

⑩ 大讼大狱：指影响较大的诉讼案件。

⑪ 敬小慎微：指对细微的事也持谨慎小心的态度。

⑫ 从小处了：指在事物处于苗头阶段就加以处理，不令其发展。

⑬ 转湾：同"转弯"，指改变想法，即换一种思考方式。

⑭ "子曰"一句：语出《论语·里仁篇》，指依据个人利益而行动，就会招来很多怨恨。

⑮ 萃：聚焦，汇集。

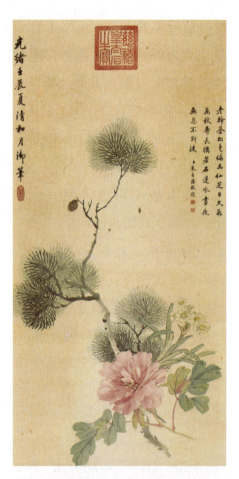

译文

古人说："终身让路，不枉百步；终身让畔，不失一段。"老子"不敢为天下先"说的是一种谦让与不争，《左传》中说："谦让是一种德行。"

生活在乡里之间，听信世人经常说的话，不过是说不可放纵别人不好的行为任其发展滋长，不过是说他以后会变本加厉。这是大错特错的。

人行一世，有谁没有天理良心，是非不分？满招损，谦受益，时乃天道；鬼神害盈而福谦，人道恶盈而好谦，都是这样的道理。

有史以来，只听说过忍让可以消除灾难，没听说过忍让给人带来祸患。

想要学会忍让，必须从小事做起。

我曾在刑部任职，看到很多危言耸听的大案件都是由很小的事情发展起来的。君子对待微小的事情时总是保持严谨、小心的态度，在事情刚露头的时候就赶紧处理，不让它往不好的方向发展。

我已经五十多岁了，这一生也没有多受小人的恶意对待，而我始终有一计良策：转变自己的想法和心态。每每想到天下间的事，能经受住小气就不至于受大气，愿意吃小亏就不至于吃大亏，这是我平生受益的地方。

任何事都不能先想着占便宜，孔子说："为了追逐利益而行动，会招来很多的怨恨。"

天下人都爱占便宜。便宜被我一个人占有，人们就会怨恨我；我不去占任何便宜，就没有人怨恨我。所以一生不去占便宜，才能一生得到便宜。

东汉末年，说过极端自我名言"宁教我负天下人，休教天下人负我"的曹操，曾经将"让礼一寸，得礼一尺"作为政令发布，可见容让在处理人际关系中的重要性。

安徽桐城张家因宅基地和邻居产生了纠纷，家人致书张英请求撑腰，张英回书七绝一首：

张英：终身让路，不失尺寸

"千里修书只为墙，让他三尺又何妨；长城万里今犹在，不见当年秦始皇。"

此诗还有另外一个版本："纸纸索书只为墙，让渠径寸又何妨。秦皇枉作千年计，今见墙成不见王。"

家人接书后醒悟，礼让邻居三尺。邻居见状感动不已，也让出三尺，安徽桐城从此留下了遗迹"六尺巷"，让后人感叹称誉。

张英的儿子张廷玉（1672—1755）历仕三朝，官至大学士，但他不像一般"官二代"或"富二代"那般不可一世，名声更是超过了他的父亲，死后成为清朝唯一配享太庙的汉臣。由此可见古代贤臣家教之严、之有效！

俗话说：忍得一时气，免得百日忧。宽容忍让，自古以来就被视为美德，也是修身养性的重要内容。生活中经常有人因为发生口角就大打出手，甚至伤及性命，如果双方多一些忍让，就能防止惨剧的发生。由此可见，宽容能够化敌为友，还能消除许多麻烦事。

历 代 名 人

家书集萃

　　家书即家信，大多是身处异地的人写给家里人的信以及家人写的回信，信的内容大多是问候家人以及介绍自己在外地的情况等。

　　家书饱含着浓浓的亲情，是分隔两地的家人维系情感的一种联系方式。

　　"烽火连三月，家书抵万金。"杜甫描绘了战乱时期家书的重要性。"雨后春容清更丽。只有离人，幽恨终难洗。北固山前三面水，碧琼梳拥青螺髻。一纸乡书来万里。问我何年，真个成归计。"宦游在外的苏轼的思乡之情在春雨后来得如此猛烈。"洛阳城里见秋风，欲作家书意万重。"秋天将至，思乡之情萦绕在张籍的心头，唯恐"言未尽"，只为"意万重"。

　　经典的家书太多太多，本书受篇幅所限，仅采撷其中一二，以飨读者。

曾国藩家书

人物名片

曾国藩（1811—1872），初名子城，字伯涵，号涤生，晚清时期政治家、战略家、理学家、文学家、书法家，清末汉族地主武装湘军的首领。和李鸿章、左宗棠、张之洞并称"晚清中兴四大名臣"，谥号"文正"，后世称"曾文正"。主要成就有创立湘军，平定太平天国等，代表作有《曾文正公全集》《曾国藩家书》等。

致诸弟：为学譬如熬肉

四位老弟① 足下：

九弟行程，计此时可以到家。自任邱发信之后，至今未接到第二封信，不胜悬悬②。不知道上不甚艰险否？四弟、六弟院试，计此时应有信，而折差久不见来，实深悬望③。

予身体较九弟在京时一样，总以耳鸣为苦。问之吴竹如，云只有静养一法，非药物所能为力。而应酬日繁，予又素性浮躁，何能着实养静？拟搬进内城住，可省一半无谓之往还，现在尚未找得。

予时时自悔，终未能洗涤自新。九弟归去之后，予定刚日读经、柔日④读史之法。读经常懒散，不沉着。读《后汉书》，现已丹笔点过八本，虽全不记忆，而较之去年读《前汉书》领会较深。九月十一日起，同课人议：每课一文一诗，即于本日申刻用白折写。予文诗极为同课人⑤所赞赏，然予于八股绝无实学，虽感诸君奖借⑥之殷，实则自愧愈深也。待下次折差来，可付课文数篇回家。予居家懒做考差工夫，即借此课以磨厉考具，或亦不至临场窘迫耳。

吴竹如近日往来极密，来则作竟日之谈，所言皆身心国家大道理。渠言有窦兰泉⑦者，见道极精当平实。窦亦深知予者，彼此现尚未拜往。竹如必要予搬进城住，盖城内镜海先生可以师事，倭艮峰⑧先生、窦兰泉可以友事。师友夹持，虽懦夫亦有立志。予思朱子⑨言："为学譬如熬肉，先须用猛火煮，然后用漫火温。"予生平工夫全未用猛火煮过，虽略有见识，乃是从悟境得来。偶用功，亦不过优游玩索已耳。如未沸之汤，遽用漫火温之，将愈煮愈不熟矣。以是急思搬进城内，屏除一切，从事于克己之学。镜海、艮峰两先生亦劝我急搬。

而城外朋友，予亦有思常见者数人，如邵蕙西⑩、吴子序、何子贞、陈岱云是也。蕙西常言："与周公瑾交，如饮醇醪⑪。"我两人颇有此风味，故每见辄长谈不舍。子序之为人，予至今不能定其品，然识见最大且精。尝教我云："用功譬若掘井，与其多掘数井而皆不及泉，何若老守一井，力求及泉而用之不竭乎？"此语正与予病相合，盖予所谓"掘井多而皆不及泉"者也。

何子贞与予讲字极相合，谓我真知大源，断不可暴弃⑫。予尝谓天下万事万理皆出于乾坤二卦，即以作字论之："纯以神行，大气鼓荡，脉络周通，潜心内转，此乾道也；结构精巧，向背有法，修短合度，此坤道也。凡乾，以神气言；凡坤，以形质言。礼乐不可斯须⑬

去身，即此道也。乐本于乾，礼本于坤，作字而优游自得真力弥满者，即乐之意也；丝丝入扣、转折合法，即礼之意也。"偶与子贞言及此，子贞深以为然，谓渠生平得力，尽于此矣。陈岱云与吾处处痛痒相关，此九弟所知者也。

写至此，接得家书，知四弟、六弟未得入学，怅怅⑭。然科名⑮有无迟早，总由前定，丝毫不能勉强。吾辈读书，只有两事：一者进德之事，讲求乎诚正修齐⑯之道，以图无忝所生⑰；一者修业之事，操习乎记诵词章之术，以图自卫其身⑱。进德之事，难以尽言，至于修业以卫身，吾请言之：卫身莫大于谋食，农工商，劳力以求食者也；士，劳心以求食者也。故或食禄于朝、教授于乡，或为传食之客，或为入幕之宾⑲，皆须计其所业足以得食而无愧。科名者，食禄之阶也，亦须计吾所业将来不至尸位素餐⑳，而后得科名而无愧。食之得不得，穷通㉑，由天作主；予夺，由人作主。业之精不精，则由我作主。然吾未见业果精而终不得食者也。农果力耕，虽有饥馑，必有丰年；商果积货，虽有壅滞，必有通时；士果能精其业，安见其终不得科名哉？即终不得科名，又岂无他途可以求食者哉？然则特患业之不精耳。

求业之精，别无他法，曰专而已矣。谚曰："艺多不养身。"谓不专也。吾掘井多而无泉可饮，不专之咎也。诸弟总须力图专业。如九弟志在习字，亦不必尽废他业；但每日习字工夫，断不可不提起精神，随时随事皆可触悟。四弟、六弟，吾不知其心有专嗜㉒否，若志在穷经㉓，则须专守一经；志在作制义㉔，则须专看一家文稿；志在作古文，则须专看一家文集；作各体诗，亦然；作试帖，亦然。万不可以兼营并骛㉕。兼营则必一无所能矣。切嘱切嘱！千万千万！

此后写信来，诸弟各有专守之业，务须写明，且须详问极言，长篇累牍，使我读其手书，即可知其志向识见。凡专一业之人必有心得，亦必有疑义。诸弟有心得，可以告我，共赏之；有疑义，可以问我，共析之。且书信既详，则四千里外之兄弟不啻㉖晤言一室，乐何如乎!

予生平于伦常中，惟兄弟一伦抱愧尤深。盖父亲以其所知者尽以教我，而我不能以吾所知者尽教诸弟，是不孝之大者也。九弟在京年余，进益无多，每一念及，无地自容。嗣后[27]我写诸弟信，总用此格纸，弟宜存留，每年装订成册。其中好处，万不可忽略看过。诸弟写信寄我，亦须用一色格纸，以便装订。

兄国藩手具

——道光二十二年九月十八日

注释

①四位老弟：曾国藩有四个弟弟，依祖父辈的序列排，分别是四弟曾国潢（1820—1886），字澄侯；六弟曾国华（1822—1858），字温甫；九弟曾国荃（1824—1890），字沅甫；季弟曾国葆（1828—1862），字季洪。在兄弟几人中，除四弟曾国潢在原籍经营家业外，另外三位都投笔从戎。后来，六弟曾国华战死于三河之役，季弟曾国葆染瘟疫病死在围南京的时候，而九弟曾国荃是和曾国藩面相最为相似的一个，也是打下南京的首功之人，他兄弟二人同日封爵开府，又都死于南京两江总督的任上。这在中国近代史上是绝无仅有的事。

②悬悬：因惦记而不安的样子。

③悬望：挂念，盼望。

④刚日：指单日，古时候以干支纪日。甲、乙、丙、丁、戊、己、庚、辛、壬、癸称为天干，以奇数（单数）为阳，偶数（双数）为阴。甲、丙、戊、庚、壬五日居奇位，属阳刚，故有此称。乙、丁、己、辛、癸五日为偶数，属阴，故称柔日。

⑤ 同课人：指一起上课的人。

⑥ 奖借：勉励推许。

⑦ 窦兰泉：指窦垿（1804—1865），字于坫，又字子州，号兰泉，云南罗平州（今曲靖罗平）人。

⑧ 倭艮峰：指倭仁（1804—1871），字艮峰，蒙古正红旗人。晚清大臣，同治帝的老师。他的著作有《倭文端公遗书》。

⑨ 朱子：指朱熹（1130—1200），字元晦，号晦庵。宋朝著名的思想家、哲学家、教育家。著有《四书章句集注》《诗集传》等。

⑩ 邵蕙西：指邵懿辰（1810—1861），字位西，浙江仁和（今杭州）人。著有《礼经通论》《尚书传授同异考》《孝经通论》等。

⑪ 与周公瑾交，如饮醇醪（chún láo）：三国时期吴国将领程普称赞周瑜的话。醇醪，醇厚飘香的美酒。

⑫ 暴弃：不自爱，不求上进。意同"自暴自弃"。

⑬ 斯须：片刻，一小会儿。

⑭ 怅怅：形容不快乐、失意的样子。

⑮ 科名：科举功名，清代科举制度中经乡试、会试录取之称。

⑯ 诚正修齐：诚心、正意、修身、齐家。

⑰ 无忝（tiǎn）：不羞愧，不玷辱。所生：指父母。

⑱ 自卫其身：此处指自立自强、自己养活自己。

⑲ 或为传（zhuàn）食之客，或为入幕之宾："传食之客"出自《孟子·滕文公下》："后车数十乘，从者数百人，以传食于诸侯，不以泰乎？"传食，犹言转食，读 zhuàn。后指受人供养，被达官贵人奉为上宾的人。"入幕之宾"出自《晋书·郗超传》："谢安与王坦之尝诣温论事，温令超帐中卧听之。风动帐开，安笑曰：'郗生可谓入幕之宾矣。'"指跟领导关系亲近或参与机密的人。

⑳ 尸位素餐：白白地占着位置，不做该做的事情。

㉑ 穷通：困厄和显达。

㉒ 专嗜：专一的爱好。

㉓ 穷经：穷尽所有的心力，研读存世的儒家作品。

㉔ 制义：为了通过科举考试而专门写作的八股文。制：写作。

㉕ 并鹜（wù）：贬义词，指两方面兼顾。

㉖ 不啻（chì）：与……没有区别。

㉗ 嗣（sì）后：随后，之后。

译文

四位老弟足下：

　　九弟的行程算起来现在可以到家了。自从在任丘发信之后，至今没有接到第二封信，心里很是惦念，不知道路上是不是太艰难凶险。四弟和六弟参加院试，估计现在应该有结果了，而信差许久也不来，实在是太挂念了！

　　我的身体和九弟在京时一样，总在为耳鸣苦恼。问了吴竹如，他说只有静养这一种办法，不是药物所能治愈的。而应酬一天天繁多，我又向来性子浮躁，哪里能实实在在地静养呢。我准备搬到内城去住，可以省掉一半往返的时间，现在还没有找到房子。

　　我时刻悔恨，还是没有尽除积习，日新其德。九弟回老家以后，我定下了单日读经、双日读史的计划。读经常常懒散，不够沉着。读《后汉书》，现在已用朱笔点过八本了，虽说都不记得，但比去年读《前汉书》领会要深刻些。九月十一日起，一同研习功课的人商议：每次课，作一篇文写一首诗，就在当天申刻用白折子写好。一起做功课的几个人都极力赞赏我的诗文，但是我在八股文方面没有什么真正的才能，虽然感激各位殷勤勉励推许，但我的内心实在是惭愧之至。等到下次信差来的时候，可以在信中附几篇文章回家。我平时懒于在家做考差的工夫，就借这课业磨炼考试的本事，大概不至于临场窘迫吧。

吴竹如近日和我往来很密切，每次来了便要长谈一天，所说的都是修养身心和治国齐家的大道理。他说有个叫窦兰泉的云南人，悟道非常精当平实。窦兰泉对我也很了解，我和他之间还没有彼此拜访过。吴竹如一定邀我搬进城里住，因为城里的唐镜海先生可以为师，倭艮峰先生和窦兰泉先生可以为友。师友两相扶持，就是一个懦夫也会立志。我想起朱子说过："做学问好比熬肉，先要用猛火煮，然后再用慢火温。"我这辈子没下过苦功，全没用猛火煮过，虽然有些见识，也都是领悟到的。偶尔用功，也不过优哉游哉地体味一下罢了。好比没有煮沸的汤，马上用温火温，只怕会越煮越不熟啊。因此，我也急于想搬进城里去，排除一切杂念，从事于克己修身的学问。镜海、艮峰两位先生也劝我快搬。

而城外的朋友，我也有想常常见面的几个人，如邵蕙西、吴子序、何子贞、陈岱云。蕙西常说："与周公瑾交朋友，如喝美酒。"我们两人交往很有这种风味，所以每次见面都会长谈，舍不得分手。吴子序的为人，我至今不能确定他的品行，但是他的见识却最博大精深。他曾教导我："用功好比挖井，与其挖好几口井而都不见泉水，还不如老挖一口井，努力挖到看见泉水为止，那样就能取之不尽、用之不竭了。"这几句话正切合我的毛病，因为我就是一个"挖井多而均不见泉水"的人。

何子贞与我讨论书法非常相合，说我真的懂得书法的诀窍，绝不可自暴自弃。我曾说天下万事万物的道理都出自乾坤二卦，就以书法来说吧："纯粹用神韵去写，有一种大气激荡，脉络周通，聚精会神，心气流转，这就是乾卦的道理。乾是就精神气韵来说，坤是就形体质地而论。我们人类一时半刻都离不开礼和乐，也是这个道理。乐本于乾道，礼本于坤道。写字而能优游自得，真力弥满，就是乐的意味；而丝丝入扣、转折合法，就是礼的意味了。"我偶尔和子贞谈到这些，子贞觉得很对，说他这辈子写字，得力之处全在这里。陈岱云和我处处痛痒相关，这是九弟知道的。

　　写到这里，接到家信，知道四弟和六弟没能被录取，很遗憾！但是科名的有和没有、早或迟，都是注定的，一点儿也不能勉强。我们读书，只有两件事：一是进德，讲求诚心、正意、修身、齐家的道理，努力做到不辜负父母的生养之德；一是修业，学习和掌握记诵辞章的技巧，努力做到自卫自立。进德的事情，难以尽言。至于学习一门技术来谋身，我来说一说：谋身没有比谋食更大的事了。农民、工人和商人，是通过劳动来谋食的；士人则是通过劳心来谋食的。因此士人或者在朝廷当官拿俸禄，或者在乡村教书以糊口，或者在富贵人家当食客，或者给达官贵人做幕僚，都要看他所学的专业是不是可以谋食而无愧于心。科名，是当官拿俸禄的阶梯，也要衡量自己学业如何，将来不至于尸位素餐，然后才能得了科名而问心无愧。能不能谋得到食，穷愁和亨通，归根结底由老天做主；给予还是夺走，由他人做主。只有专业精通还是不精通全由我们自己做主。然而我没有见过专业很精而最终无法谋生的人。农夫如果努力耕种，即使也会遇到饥荒，但一定也会有大丰收。商人如果努力积藏货物，虽然会遇到滞销积压，但一定也会有生意亨通的时候。读书人如果能精通学业，那怎见得他始终得不到科名呢？就算他最终得不到科名，又怎见得不会有其他谋生的途径呢？因此说，只怕专业不精啊。

　　要想专业精通，没有别的办法，只是要专一罢了。谚语"艺多不养身"，说得就是不够专一。我挖了许多井却没有泉水可饮用，就是不专一造成的。各位弟弟一定要力求专精，比如九弟志在书法，也不必完全废弃其他；但每天下功夫写字的时候，绝不可以不提起精神，随时随地随便什么事都可以触动灵感。四弟和六弟，我不知道他们有什么专门的爱好没有，如果志向在研习经学，那么就应该专门在经典上用功。如果志向在科举的八股文写作上，那么就应该专门学习一家的文稿。如果志向在写作古文方面，那么就应该专门揣摩一家的文集。作各种体裁的诗也一样，学作试帖诗也一样。万万不可以什么都

学，心有旁骛。样样都学，一定会一无所长。千万牢记！千万千万！

以后写信来，各位弟弟有什么专攻的学业，请务必写明，并且要详细说明，尽可能多说，长篇累牍地写来，让我读了你们的亲笔信之后，就可以知道你们的志趣和见识。大凡修业专一的人，一定会有心得，也一定有疑问。弟弟们有心得，告诉我，为兄便可以一起分享；有疑问，告诉我可以一起来分析。并且写得越详细越好，那么相隔四千里的兄弟，好像在一间房里当面谈论，那是何等快乐的事啊！

我这辈子对于伦常，只有兄弟这一伦愧疚太深。因为父亲把他所知道的都教给了我。而我不能把我所知道的全部教给弟弟们，真是大不孝！九弟在京城一年多，进步不多，每每想起这事，我真是无地自容。以后我给弟弟们写信，总用这种格子纸，弟弟们要留着，每年订成一册，其中若有什么好的地方，千万不可以随便看过就算了。弟弟们给我写信，也要用一色格子纸，以便装订成册。

兄国藩手具

——道光二十二年九月十八日

曾国藩的家书中，写给诸位弟弟的不仅数量多，而且内容丰富，此为其中之一。这封家书不仅展示了曾国藩盼望弟弟们成才的苦心，更表现了他作为儒家文化忠实继承者的道德风范。中国历来有"长兄如父"的说法，意为长兄是负有保护教育弟弟妹妹的重大责任的，曾国藩在大量的与弟书中所流露出来的浓浓的兄弟情，正是伦理所提倡的，曾国藩用实际行动践行了"长兄如父"。有鉴于此，在传统的家庭教育中，他的这些书信就成了非常好的教材。在这封信中，曾国藩和诸位弟弟谈了读经史、拜师交友等事情，还要求诸位弟弟以"专"字法读书。在学习和工作中我们也存在类似的问题，好像什么都知道，但又没有专精的，从这封信中得到的启发是，年轻人从自己的兴

趣和志向着手，选择一门学问专心钻研，力求达到"精其业"，就肯定会有光明的前途。

致诸弟：读书宜立志有恒

诸位贤弟足下：

十月廿七日寄弟书一封，内信四叶、抄倭艮峰先生日课三叶、抄诗二叶，已改寄萧莘五先生处，不由庄五爷公馆矣。不知已到无误否？

十一月前八日已将日课抄与弟阅，嗣后①每次家信，可抄三叶付回。日课本皆楷书，一笔不苟，惜抄回不能作楷书耳。

冯树堂进攻最猛，余亦教之如弟，知无不言。可惜九弟不能在京与树堂日日切磋，余无日无刻不太息②也。九弟在京年半，余懒散不努力。九弟去后，余乃稍能立志，盖余实负九弟矣！

余尝语岱云曰："余欲尽孝道，更无他事，我能教诸弟进德业③一分，则我之孝有一分；能教诸弟进十分，则我之孝有十分；若全不能教弟成名，则我大不孝矣。"九弟之无所进，是我之大不孝也。惟愿诸弟发奋立志，念念有恒，以补我不孝之罪。幸甚幸甚。

岱云与易五近亦有日课册，惜其识不甚超越，余虽日日与之谈论，渠④究不能悉心领会，颇疑我言太夸。然岱云近极勤奋，将来必有所成。

何子敬⑤近待我甚好，常彼此作诗唱和。盖因其兄钦佩我诗，且谈字最相合，故子敬亦改容加礼。

子贞现临隶字，每日临七八叶，今年已千叶矣，近又考订《汉书》之讹，每日手不释卷。盖子贞之学，长于五事：一曰《仪礼》⑥精，二曰《汉书》熟，三曰《说文》⑦精，四曰各体诗好，五曰字好。此五事者，渠意皆欲有所传于后。以余观之，此三者余不甚精，不知浅深究竟何如，若字，则必传千古无疑矣。诗亦远出时手之上，必能卓然成家。近日京城诗家颇少，故余亦欲多做几首。

金竺虔在小珊家住，颇有面善心非之隙，唐诗甫亦与小珊有隙。余现仍与小珊来往，泯然无嫌⑧，但心中不甚惬洽⑨耳。曹西垣与邹云陔十月十六起程，现尚未到。汤海秋久与之处，其人诞言⑩太多，十句之中仅一二句可信。今冬嫁女二次：一系杜兰溪之子，一系李石梧之子入赘。黎樾翁亦有次女招赘。其婿虽未读书，远胜于冯舅矣。李笔峰尚馆海秋处，因代考供事，得银数十，衣服焕然一新。王翰城捐知州，去大钱八千串。何子敬捐知县，去大钱七千串。皆于明年可选实缺。黄子寿处，本日去看他，工夫甚长进，古文有才华，好买书，东翻西阅，涉猎颇多，心中已有许多古董。

何世兄亦甚好，沉潜⑪之至，天分不高，将来必有所成。吴竹如近日未出城，余亦未去，盖每见则耽搁一天也，其世兄亦极沉潜，言动中礼⑫，现在亦学倭艮峰先生。吾观何、吴两世兄之姿质，与诸弟相等，远不及周受珊、黄子寿，而将来成就，何、吴必更切实。此其故，诸弟能看书自知之，愿诸弟勉之而已，此数人者，皆后起不凡之人才也。安得诸弟与之联镳⑬并驾，则余之大幸也！

季仙九先生到京服阕⑭，待我甚好，有青眼相看之意，同年会课⑮，近皆懒散，而十日一会如故。

余今年过年，尚须借银百十金，以五十还杜家，以百金用。李石梧到京，交出长郡馆公费，即在公项借用，免出外开口更好。不然，则尚须张罗也。

门上⑯陈升，一言不合而去，故余作《傲奴诗》，现换一周升作门上，颇好。余读《易·旅》"丧其童仆"，《象》⑰曰："以旅与下，其义丧也。"解之者曰："以旅与下者，谓视童仆如旅人，刻薄寡恩，漠然无情，则童仆亦将视主上如逆旅⑱矣。"余待下虽不刻薄，而颇有视如逆旅之意，故人不尽忠。以后，余当视之如家人手足也，分虽严明，而情贵周通。贤弟待人，亦宜知之。

余每闻折差到，辄望家信。不知能设法多寄几次否？若寄信，则诸弟必须详写日记数天，幸甚！余写信，亦不必代诸弟多立课程，盖恐多看则生厌，故但将余近日实在光景写示而已，伏惟诸弟细察。

兄国藩手草

道光二十二年十一月十七日

注释

① 嗣后：从此以后，今后。

② 太息：长声叹气，叹息。

③ 德业：品德、学业。

④ 渠：第三人称代词，他。

⑤ 何子敬：指何绍祺，字子敬，湖南道州人。

⑥《仪礼》：儒家"十三经"之一，是先秦时期的汉族礼制汇编。所记载的多是东周以前传袭下来的礼俗仪式。

⑦《说文》：指东汉许慎撰的《说文解字》。中国第一部系统地分析汉字字形和考究字源的字书。

⑧ 泯然无嫌：表面上没有嫌隙。

⑨ 不甚惬洽：不太乐意，不太融洽。惬：惬意。

⑩ 诞言：夸大虚诞的言辞。

⑪ 沉潜：指人思想情感深沉，不轻易暴露内心。

⑫ 言动中礼：言行举止合乎礼节。中，符合。

⑬ 联镳（biāo）：比喻相等或同进。

⑭ 阕：停止，终了。这里指期满。

⑮ 会课：文人结社，定期集会，研习功课，传观所作文字，叫作"会课"。

⑯ 门上：指门上人，类似于现在的门卫。

⑰《象》：指《象辞》。《周易》解释卦象和爻象之辞。

⑱ 逆旅：这里指路人。

译文

诸位贤弟足下：

十月二十七日给弟弟们寄了一封信，里头有四页信、手抄倭艮峰先生日课三页、抄诗二页，已经改寄萧莘五先生那里，不从庄五爷公馆走了。不知道是否已收无误？

十一月前八日的日课已抄了给弟弟们一阅，以后每次写信，可抄三页寄回去。我的日课都用楷体写的，一丝不苟，可惜抄回去给弟弟们看的不能用楷体书写。

冯树堂进步最快，我教他就像教弟弟一样，只要我知道的，都告诉他。可惜九弟不能在京城与树堂一起天天切磋，我无时无刻不为此叹息。九弟在京城一年半，我懒散不努力。九弟走了之后，我才稍微能够立志，我真是对不起九弟啊！

我曾经和岱云说："我想尽孝道，没有别的事，我能够教育弟弟们进德修业一分，那我就是尽孝一分；能够教育弟弟们进步十分，那我就是尽孝十分；如果完全不能教弟弟们成名，那我就是大大的不孝了。"九弟的学问没有长进，是我的大不孝！只希望弟弟们发奋图强，立志向上，永远有恒心，以弥补我的不孝之罪，那就太幸运了！

岱云与易五近来也有日课册子，可惜他们的见识不太高明，我虽然天天和他们谈论，他们却不能一一领悟，还怀疑我说得太玄虚了。但是岱云近来很勤奋，将来一定会有所成就。

何子敬近来对我很好，常常彼此作诗唱和。因为他哥哥钦佩我的诗才，并且谈起写字最相契合，所以子敬也对我更加有礼。

子贞现在临的是隶书，每天临七八页，今年已临了有一千页了。

近来又考订《汉书》的讹误，每天手不释卷。子贞的学问在五个方面有专长：一是《仪礼》精通，二是《汉书》熟悉，三是《说文》精湛，四是各种体裁的诗都写得好，五是书法写得好。这五个方面他都想传于后世。在我看来，前面三个方面，我不太行，不知道他的造诣深浅如何。如果说到书法，那是必定可传千古的了。他的诗也远远超过了同时代的普通人，一定能卓然成家。近来京城写诗的人很少，所以我也想多作几首。

金竺虔在小珊家里住，两个人有嫌隙，面和心不和。唐诗甫和小珊也有嫌隙。我现在仍旧和小珊往来，表面上没有嫌隙，但心里还是不太乐意。曹西垣和邹云陔十月十六日起程，现在还没到。和汤海秋相处好久了，他夸大虚诞的话太多，十句话中只有一两句能信。今年冬天嫁女儿的有两家，一家是杜兰溪，另一家是李石梧的女婿入赘。黎樾翁的二女儿也是招

赘。虽然他的女婿没读过什么书，但比冯舅要强得多。李笔峰还在汤海秋家教书，因为代人考试挣了几十两银子，衣服焕然一新。王翰城捐知州花了大钱八千串。何子敬捐知县花了大钱七千串。明年都可以选实缺上任。我今天去看了黄子寿，他的功夫很有长进，古文非常有才华，喜欢买书，东翻翻，西看看，涉猎很广，心里已收藏了不少掌故。

何家的公子也很好，沉稳得很，天分虽然不高，但将来一定会有所成就。吴竹如近日没有出城，我也没有去，因为见一次面便耽搁一天时光。他家的公子也很沉稳，言行合乎礼节，现在也师从倭艮峰先生。我看何、吴两家公子的资质，和弟弟们不相上下，远不及周受珊、黄子寿，而将来成就，何、吴一定更切实些。这其中的缘故，弟弟们自然知道我的意思，希望弟弟们好自勉励。这几位，都是不平凡年轻一辈的人才，如果什么时候弟弟们能够与他们并驾齐驱，那就是我最大的幸事！

季仙九先生守丧期满到了京城，他待我非常好，有另眼相看的意思。同年们相约功课，近来都比较懒散，但十天聚在一起做一次功课还依然如故。

今年过年，我还要借一百五十两银子，五十两还杜家，一百两自己用。李石梧到京城，交出长郡馆公费，我就在这公费中借用，免得向外人开口更好些，不然的话，又要张罗一番。

门上陈升因为一言不合就拂袖而去，为此我作了一首《傲奴诗》。现在换了周升做门上，比较好。我读《易·旅》"丧其童仆"，《象辞》说："以旅与下，其义丧也。"解释的人说："以旅与下者，就是说把童仆看作路人一般，刻薄寡恩，漠然无情，那么童仆也把主人看作路人了。"我对待下人虽说不刻薄，却也有把他们如同路人一般看待，所以他们就不能尽忠报效，今后我要把下人当作自己家里人一样看待，对他们亲如手足，主仆身份虽然要明白而严格地区分，而感情上还是以沟通为贵。贤弟对待别人，也要知道这个道理。

我每次听到信差到来，就希望有家信，不知能不能设法多寄几封？如果寄信，那弟弟们必须详细写出几天的日记为好。我写信，也不代你们多立课程，因为怕看多了会产生厌烦心理，所以只将我近日的情形写给弟弟们看罢了。希望弟弟们细心体察。

道光二十二年十一月十七日

感悟

缺乏恒心是世人的通病。荀子在《劝学篇》里说："不积跬步，无以至千里；不积小流，无以成江海。"道理浅白易懂，重要的是难以坚持，即难以有恒心。而曾国藩的过人之处就是"有恒"，他一生的成就得力于超越常人的"有恒"。想要有所成就的人，最重要的是做到"有恒"。找到自己努力的方向，持之以恒地坚持下去，就一定会成功。

谕纪泽：不可浪掷光阴

字谕纪泽①儿：

胡二等来，接尔安禀②，字画尚未长进。尔今年十八岁，齿③已渐长，而学业未见其益。陈岱云姻伯④之子号杏生者，今年入学，学院批其诗冠通场。渠系戊戌二月所生，比尔仅长一岁，以其无父无母，家渐清贫，遂尔⑤勤苦好学，少年成名。尔幸托祖、父余荫⑥，衣食丰适，宽然无虑，遂尔醺酂佚乐⑦，不复以读书立身为事。古人云："劳则善心生，佚则淫心生⑧。"孟子云："生于忧患，死于安乐⑨。"吾虑尔之过于佚也。

新妇初来，宜教之入厨作羹，勤于纺绩，不宜因其为富贵子女不事操作。大、二、三诸女，已能做大鞋否？三姑一嫂，每年做鞋一双寄余，各表孝敬之忱，各争针黹⑩之工。所织之布，做成衣袜寄来，余亦得察闺门以内之勤惰也。

余在军中不废学问，读书写字未甚间断。惜年老眼蒙，无甚长进。尔今未弱冠⑪，一刻千金，切不可浪掷光阴。四弟所买衡阳之田，可觅人售出，以银寄营，为归还李家款。"父母存，不有私

财 ⑫"，士庶人 ⑬ 且然，况余身为卿大夫 ⑭ 乎？

　　余癣疾复发，不似去秋之甚。李次青十七日在抚州败挫，已详寄沅甫函中。现在崇仁加意整顿，三十日获一胜仗。口粮缺乏，时有决裂之虞，深用焦灼。

　　尔每次安禀，详陈一切，不可草率，祖父大人之起居、合家之琐事、学堂之工课，均须详载。切切此谕！

咸丰六年十月初二日

注释

　　① 纪泽：曾纪泽（1839—1890），字劼刚，号梦瞻，曾国藩的长子（注：大儿子曾纪第早殇），清代著名外交家，中国近代史上第二位驻外公使。

　　② 安禀：报平安的家书。禀，下对上报告。

　　③ 齿：指岁数，年龄。

　　④ 姻伯：因为婚姻关系结成的亲戚称为姻亲。姻伯即具备这种亲戚关系，且比自己父亲年长的男子。

　　⑤ 遂尔：于是。

　　⑥ 余荫：指先辈遗留下来的恩福。

　　⑦ 酣豢（hān huàn）佚乐：酣豢，指沉醉于某种情境；佚乐，悠闲安乐。

　　⑧ 劳则善心生，佚则淫心生：语出《国语·鲁语下》："公父文伯退朝，朝其母，其母方绩。文伯曰：'以歜之家而主犹绩，惧忓季孙之怒也。其以歜为不能事主乎！'其母叹曰：'鲁其亡乎！使僮子备官而未之闻耶？居，吾语女。昔圣王之处民也，择瘠土而处之，劳其民而

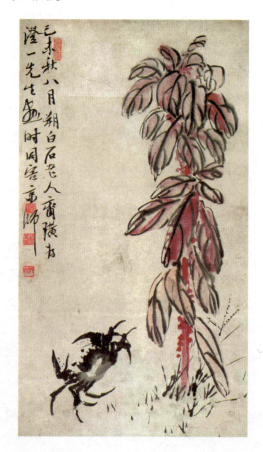

用之，故长王天下。夫民劳则思，思则善心生；逸则淫，淫则忘善，忘善则恶心生。'"

⑨ 生于忧患，死于安乐：语出《孟子·告天下》："然后知生于忧患而死于安乐也。"孟子：战国时期的哲学家、思想家、教育家，名轲，字子舆。邹国（今山东邹城）人。和孔子并称"孔孟"。

⑩ 针黹（zhǐ）：针线活。

⑪ 弱冠：古代男子二十岁行冠礼，表示已经成人，因还没到壮年所以叫弱冠。后来泛指男子二十岁左右的年纪。

⑫ 父母存，不有私财：语出《礼记·曲礼上》："父母存，不许友以死，不有私财。"

⑬ 士庶人：士人和普通老百姓。

⑭ 卿大夫：卿和大夫。借指高级官员。

译文

字谕纪泽儿：

胡二等人来，我接到了你告安的信。你写字笔法还是没什么长进。你今年十八岁了，年纪已大了，但学业还看不出进步。陈岱云姻伯的儿子名叫杏生的，今年入了学，学院把他的诗作为这次考试中的第一名。他是戊戌二月生的，比你只大一岁，因为他没了父母，家道逐渐清贫，于是他勤学苦练，少年成名。你有幸依托祖父和父亲的余荫，穿的吃的丰盛合适，心宽没有顾虑，以致你贪恋享乐，不再将读书和自立放在心上。古人说："勤劳的人会养成善心，懒惰的人会滋生淫乐的念头。"孟子说："处在忧患的环境中，容易使人上进，充满生机和活力；处在安乐的环境中，人容易懈怠懒惰而走向灭亡。"我担心你生活得过于安乐舒适了。

新媳妇刚进门的时候，应该叫她下厨房熬汤煮饭，勤于纺纱织布，不能因为她是富贵人家出身就不做家务事。大女、二女、三女儿已经能够做鞋子了吗？三个姑一个嫂，让她们每年做一双鞋寄给我，表一表各自的孝心，也比一下她们的针线功夫。她们所织的布，做成衣服和袜子寄来，我借此考察一下闺房里这些人谁勤快谁懒惰。

我在军中也不荒废学业，读书写字没怎么间断过。只可惜人老了，眼睛昏花，没有什么太大的长进。你今年还不到二十，一刻千金，切不可白白浪费光阴。四弟所买衡阳的田产，可找人卖掉，把银子寄到我军营来，作为李家的还款。"父母在，子女不存私财"，士人和老百姓家都这样做，何况我身为公卿大夫呢？

我的癣疾复发了，但不像去年秋天那么厉害。李次青十七日在抚州战败，详细情况写在给沅甫的信里了。现在崇仁加紧整顿，三十日打了一场胜仗。口粮缺乏，时有破败的忧患，让我深感焦灼。

你每次安禀，要详细陈述一切，不可草率，祖父大人的起居、全家的琐事、学堂的功课等，都必须详细记载。我的话要牢记。

咸丰六年十月初二日

本文是曾国藩的一篇教子名篇，教育性很强，不是一般的泛泛而论，字里行间无不渗透着父亲对儿子的殷切期望。文字言简意赅，切中时弊，反映了曾国藩以儒家的做人准则严格教子治家的一贯做法，对于今天的我们也有极高的参考价值。

这封曾国藩写给十八岁的曾纪泽的信口气相对严厉，此时纪泽刚刚完婚半年，身为父亲的曾国藩就劝儿子离家从师求学，并叮嘱他"切不可浪掷光阴"，还以自己为例告诫儿子把握青春年华的重要性。

曾国藩深知"苦难是最好的学校"，他担心生长在舒适环境里的儿子走上邪路，所以用"劳则善心生，佚则淫心生""生于忧患，死于安乐"的古训告诫儿子。曾国藩的良苦用心，值得物质条件日趋富裕的今日父母们深思。

致九弟：人而无恒，一无所成

沅甫九弟左右①：

十二日正七、有十归，接弟信，备悉一切。

定湘营既至三曲滩，其营官成章鉴②亦武弁中之不可多得者，弟可与之款接③。

来书谓"意趣不在此，则兴会索然④"。此却大不可。凡人作一事，便须全副精神注在此一事，首尾不懈，不可见异思迁，做这样，想那样；坐这山，望那山。人而无恒，终身一无所成。我生平坐犯无恒的弊病，实在受害不小。当翰林时，应留心诗字，则好涉猎它书，以纷其志。读性理书时，则杂以诗文各集，以歧其趋。在六部时，又不甚实力讲求公事。在外带兵，又不能竭力专治军事，或读书写字以乱其志意。坐是垂老而百无一成。即水军一事，亦掘井九仞⑤而不及泉，弟当以为鉴戒。现在带勇，即埋头尽力以求带勇之法，早夜孳孳⑥，日所思，夜所梦，舍带勇以外则一概不管。不可又想读书，又想中举，又想作州县，纷纷扰扰，千头万绪，将来又蹈我之覆辙，百无一成，悔之晚矣。

带勇之法，以体察人才为第一，整顿营规、讲求战守次之。《得胜歌》⑦中各条，一一皆宜详求。至于口粮一事，不宜过于忧虑，不可时常发禀。弟营既得楚局⑧每月六千，又得江局⑨月二三千，便是极好境遇。李希庵十二来家，言迪庵意欲帮弟饷万金。又余有浙盐赢余万五千两在江省，昨盐局⑩专丁前来禀询，余嘱其解交藩库⑪充饷。将来此款或可酌解弟营，但弟不宜指请耳。饷项既不劳心，全副精神讲求前者数事，行有余力，则联络各营，款接绅士。身体虽弱，却不宜过于爱惜，精神愈用则愈出，阳气愈提则愈盛。每日作事愈多，则夜间临睡愈快活。若存一爱惜精神的意思，将前将却，奄奄[12]无气，决难成事。凡此皆因弟"兴会索然"之言而切戒[13]之者也。弟宜以李迪庵为法，不慌不忙，盈科后进[14]，到八九个月后，必有一番回甘滋味出来。余生平坐无恒流弊[15]极大，今老矣，不能不教诚吾弟吾子。

邓先生品学极好，甲三八股文有长进，亦山先生[16]亦请邓改文。亦山教书严肃，学生甚为畏惮。吾家戏言戏动积习，明年当与两先生尽改之。

下游镇江、瓜洲[17]同日克复，金陵指日可克。厚庵放闽中提督[18]，已赴金陵会剿，准其专折奏事。九江亦即日可复。大约军事在

吉安、抚、建等府结局，贤弟勉之。吾为其始，弟善其终，实有厚望。若稍参以客气^⑲，将以斁志^⑳，则不能为我增气^㉑也。营中哨队诸人气尚完固^㉒否？下次祈书及。

兄国藩草

咸丰七年十二月十四日

注释

① 左右：旧时信札常用以称呼对方。

② 成章鉴：曾任湘军定湘营营官，因病死于吴城。

③ 款接：交往，结交。

④ 兴会：意趣，兴致。索然：引申为无兴味。

⑤ 仞：古代计量单位。一仞为周尺八尺或七尺，周尺一尺约合二十三厘米。

⑥ 孳（zī）孳：勤勉，努力不懈的样子。

⑦《得胜歌》：曾国藩曾把战术要点编成歌诀，让湘军将士们传唱。

⑧ 楚局：在湖北设置的募捐钱两供湘军军饷之需的专门机构。

⑨ 江局：在江西设置的募捐钱两供湘军军饷之需的专门机构。

⑩ 盐局：课盐税的专门机构。

⑪ 藩库：即省库。清代布政司所属储钱谷的仓库。

⑫ 奄奄：气息微弱。

⑬ 切戒：严肃告诫。

⑭ 盈科后进：语出《孟子·离娄下》："原泉混混，不舍昼夜，盈科而后进，放乎四海。"泉水遇到坑洼，要充满之后才继续向前流，比喻学习应步步落实，不能只图虚名。

⑮ 流弊：相沿而成的弊病。

⑯ 亦山先生：指葛亦山，曾氏家塾的老师。

⑰ 瓜洲：在今江苏扬州境内。

⑱ 提督：清朝时在重要的省份设置提督，职掌军政，统辖诸镇，是地方武职的最高长官。

⑲ 客气：指言行并非出自真诚。

⑳ 斁（yì）志：意志松懈。

㉑ 增气：激励士气，提高士气。

㉒ 完固：充沛，饱满。

译文

沅甫九弟左右：

十二日，正七、有十回，接到弟弟的信，一切情况都已知道。

定湘营既然已经到了三曲滩，定湘营的长官成章鉴是武将中不可多得的人才，你可以与他结交往来。

来信中说"自己的意趣不在这里，所以干起来索然寡兴"，这万万不行的。凡是做事，便须全副精神去做，全神贯注于这件事，自始至终不松懈，不能见异思迁，做这件事想那件事；坐这山，却望那山。人如果没有恒心，终其一生都不会有成就。我这一辈子只因犯没有恒心的毛病，实在受害不小。当翰林时，本应该留心诗文和书法，却喜欢涉猎其他书籍，分散了心志。读性理方面的书时，又夹杂着阅览各种诗文集，以至于心志不够集中。在朝廷六部做官时，办公事又不太务实。在外带兵打仗，又不能竭力专心地治理军事，有时因读书写字而分心，乱了意志。正因为如此，人老了百事无一成功。就拿治水军这件事来说，我也像那挖井挖了九仞深而放弃，结果没有挖到地下泉水的人一样半途而废。弟弟应当以我为教训。你现在带兵就埋头苦干、尽心尽力，努力研究带好兵的方法，日夜孜孜以求，白天想的，夜里梦的，除了带兵这一件事外，一概都不管。绝不能又想读书，又想中科举，又想做州官县令，想这想那，千头万绪，将来又走上我的老路，百事无一成功，到那时再后悔就晚了。

带兵的方法，最要紧的是体察人才，其次是整顿营规、讲求攻战防守的战术。《得胜歌》里说的各条都要一一详细讲求。至于将士们口粮的事情，不要过于担心，不能频繁向上级发文禀告这方面的事情。弟弟你营中既然得了楚局每月的六千军饷，又得了江局每月二三千的军饷，境遇已经很好了。李希庵十二日到我这里来，说迪庵想要帮助弟弟你筹措万两军饷。此外，我有浙江盐业盈余的一万五千两银子在江西省，昨天盐局派专人前来禀报询问，我嘱咐他们把此笔款项交藩库充当军饷。将来这笔钱或者酌情解送弟弟军营，但弟弟你不能要求上面指定将这笔款子拨给你用。军饷的事情既然不用操心了，弟弟应当全副精神都集中在前面讲的几件事上，再有余力的话，就去联络各营，多和一些绅士交往，联络一下感情。身子骨虽然弱一些，却不宜过于爱惜，精神越用越旺，阳气也越提越盛。每天做事越多，晚上睡前就越快活。如果存有一个爱惜精神的念头，又想进又想退，没有一丝精气神，绝对难以成事。以上这些都因弟弟信中说的"兴会索然"一句引发出来的，深切地劝诫于你。弟弟要以李迪庵为榜样，做事不慌不忙，工夫做到了自然前进，到八九个月以后，必有苦尽甘来的一番甜美的滋味出来。我这辈子受没有恒心的不利影响太大了，如今我老了，不能不告诫我的弟弟们和我的儿子们。

邓先生品学极好，甲三的八股文有进步，亦山先生也请邓先生批改文章。亦山教书严肃，学生们都很怕他。我家子弟乱说话、乱动的坏习惯，明年应该和两位先生一同想办法尽快改正过来。

下游的镇江、瓜洲在同一天收复，金陵也指日可待。厚庵新任闽中提督，已赶去金陵联合剿匪，圣上准许他专折奏事。九江近日也可收复。这次军事行动大约在吉安、抚、建等府城有个结局，贤弟多加努力。这件事，从我这里开始，在弟弟那里完美地结束，我对弟弟有殷切的期望。如果稍微松懈敷衍，就会损害志气，就不能鼓舞我方的士气了。营中哨队的那些人精气神还饱满吗？希望弟弟在下次信中提到。

兄国藩手草

咸丰七年十二月十四日

这封信里曾国藩给九弟谈了三个体验：一是"凡人作一事，便须全副精神注在此一事，首尾不懈"；二是"以体察人才为第一"；三是"精神愈用则愈出，阳气愈提则愈盛"。

这封信比较典型地表现了曾国藩家书的风格，就是在同辈及晚辈的面前不摆架子，不怕暴露自己的短处，让子弟们在一种温婉的气氛中接受他表达的观点。

识人用人是曾国藩的第一长处，也是他事业成功的第一诀窍。曾国藩不仅在理论上认识得明确，技术上也有一套行之有效的方法。而他所主张的"勤"指的是人的一种精神面貌。谁也不愿意跟一个懒懒散散、了无生气的人共事，世上的事也没有在懒懒散散、了无生气的状态下做成功的。

致沅弟：圣门教人不外敬恕

沅甫九弟左右：

十三日安五等归，接手书，藉悉一切。

抚、建各府克复，惟吉安较迟，弟意自不能无介介^①。然四方围逼，成功亦当在六、七两月耳。

澄侯弟往永丰一带吊各家之丧，均要余作挽联。余挽贺映南之夫人云："柳絮因风，阃内先芬堪继武（姓谢）^②；麻衣如雪，阶前后嗣总能文。"挽胡信贤之母云："元女太姬^③，祖德溯二千余载；周姜京室^④，帝梦同九十三龄（胡母九十三岁）^⑤。"

近来精力日减，惟此事尚觉如常。澄弟谓此亦可卜其未遽衰也。

袁漱六之戚郑南乔^⑥自松江来，还往年借项二百五十两。具述漱六近状：官声^⑦极好，宪眷^⑧极渥，学问与书法并大进，江南人仰望甚至。以慰以愧。

余昔在军营不妄保举，不乱用钱，是以人心不附。

仙屏^⑨在营，弟须优保之，借此以汲引^⑩人才。余未能超保次青^⑪，使之沉沦下位，至今以为大愧大憾之事。仙屏无论在京在外，皆当有所表见^⑫。成章鉴是上等好武官，亦宜优保。

弟之公牍、信启，俱大长进。吴子序现在何处？查明见复，并详问其近况。

余身体尚好，惟出汗甚多。三年前虽酷暑而不出汗，今胸口汗珠累累，而肺气日弱，常用惕然^⑬。甲三体亦弱甚，医者劝服补剂，余未敢率尔^⑭也。弟近日身体健否？

再者，人生适意之时，不可多得。弟现在上下交誉^⑮，军民咸服，颇称适意。不可错过时会，当尽心竭力，做成一个局面。圣门教人不外"敬""恕[16]"二字，天德王道[17]，彻始彻终；性功[18]事功，俱可包括。余生平于"敬"字无工夫，是以五十而无所成。至于"恕"字，在京时亦曾讲求及之。近岁在外，恶人以白眼藐视京官，又因本性倔强，渐近于愎。不知不觉，做出许多不恕之事，说出许多不恕之话，至今愧耻无已。

弟于"恕"字颇有工夫，天质胜于阿兄一筹。至于"敬"字，则亦未尝用力，宜从此日致其功[19]，于《论语》之"九思"，《玉藻》之"九容"，勉强行之。临之以庄，则下自加敬。习惯自然，久久遂成德器[20]，庶不至徒做一场话说，四十、五十而无闻[21]也。

兄国藩手草

咸丰八年五月十六日

注释

①介介：指有心事，不能忘怀。

②阃（kǔn）内：指妇女居住的内室。继武：指足迹相接。武，足迹，比喻继续前人的事业。

③元女太姬：陈胡公夫人，周武王长女。

④周姜京室：周姜指太公，古公亶父之妻，王季之母。京室，犹周室，即周王室。

⑤帝梦同九十三龄：指和周武王一样享年九十三岁。

⑥郑南乔：曾国藩的朋友，曾经在陕西做官。亦作"郑南侨"。

⑦官声：为官的声誉。

⑧宪眷：旧时指上司对下属的关怀照顾。

⑨仙屏：许振祎，字仙屏。

⑩汲引：荐举，提拔。

⑪次青：李元度，字次青。

⑫表见：表示显示出某种才能、本领等。"见"通"现"，表现。

⑬惕（tì）然：忧愁的样子。

⑭率尔：轻率的样子。

⑮ 交誉：交相称赞。

⑯ 恕：推己及人。

⑰ 天德：天的德行。王道：儒家提出的一种以仁义治天下的政治主张，和霸道相对。

⑱ 性功：性理方面的功夫，修身养性的功夫。

⑲ 日致其功：在某个方面每天都用功。

⑳ 德器：指有道德修养和才识度量的人。

㉑ 无闻：没有名声，不为人知。

译文

沅甫九弟左右：

十三日，在安五等人回来之后，我接到了你的来信，从信中得知了一切。

抚州、建昌各府城已经收复，只有收复吉安稍迟一些，弟弟自然不能不介怀。相信在我军的四面围攻之下，收复吉安在六七两个月之内便可以实现。

澄侯弟到永丰一带的各家吊唁，都要我作挽联。我哀悼贺映南夫人所写的挽联是："柳絮因风，闻内先芬堪继武（夫人姓谢）；麻衣如雪，阶前后嗣总能文。"哀悼胡信贤母亲的挽联是："元女太姬，祖德溯二千余载；周姜京室，帝梦同九十三龄（胡母九十三岁）。"

最近我的精力一日不如一日，只有写对联这件事还和往常一样。澄弟说，由此可知我的精力没有急剧衰弱。

袁漱六的亲戚郑南乔从松江来，还了之前所借的二百五十两银子，并详细述说了漱六的近况：漱六为官的声誉非常好，上司对他的关照也极优渥，并且学问和书法上都有很大长进，江南人士对他十分敬仰钦佩。为兄听后，既欣慰，又惭愧。

当年我在军营不乱保举，不乱用钱，所以现在人心不附。

仙屏在军营，弟弟一定要从优保举他，以此吸引人才。我没能从

优保举次青，导致他沉沦低位，至今是我的一大悔恨、羞愧之事。无论在京城还是在外地，仙屏都应该有出众的表现。成章鉴是上等的好武官，也应该被从优保举。

弟弟的公文、书信都有很大的长进。吴子序现在在什么地方？希望弟弟查明后告诉我，并详细询问他的近况。

我身体还算康健，只是出汗很多。三年前即使是酷暑天气也不会出汗，现在胸口的汗珠接连不断，而且肺气越来越衰弱，我经常感到忧虑。甲三的身体也很弱，医生劝他多服用滋补的药剂，我不敢轻率答应。弟弟近来身体可好？

再有，人生得意顺心的时候不多。弟弟现在被上上下下交相称赞，军民都佩服，可以说是很如意了。弟弟不可错过机会，应当尽心竭力，为自己的人生铸就更大的辉煌。圣人教导人不外乎"敬""恕"两个字，天德王道贯通始终；修身养性的功夫、治理的功夫也全都涵盖在内。我这辈子对"敬"字没下什么功夫，所以到了五十还是碌碌无为。至于"恕"字，在京城时也曾经讲求过。近几年在京外，讨厌别人总是翻白眼藐视我这京官，再加上我本性倔强，渐渐变得固执任性。不知不觉间，做的许多事、说的许多话，都有悖于推己及人的恕道，至今仍然觉得十分羞愧。

弟弟对于"恕"字颇有修养，在天分上也胜过我很多。至于"敬"字，弟弟也没怎么努力，应该从现在开始每天努力，对于《论语》的"九思"，《玉藻》的"九容"，弟弟都应该努力做到。在下属面前庄重，下属自然就会敬重你。习惯成自然，久而久之就会成为有德的君子，如此，这话才不至于只是口上说说而已，到了四五十岁仍然碌碌无为，一事无成。

兄国藩手草

咸丰八年五月十六日

感 悟

　　为人处世，应以"恕"为本。在曾国藩看来，"恕"是人的一项重要的道德修养，常常以"恕"字自省，给他人留有余地，则前行的道路上所遇到的荆棘会少很多。

　　人生在世，如果人人都讲宽恕，相互包容，就会减少许多矛盾，还可以互相团结，齐心协力，这样才会成就一番事业。

　　在曾国藩的一生中，顺少逆多，特别是来自官场的攻击和掣肘使他养成了一种"忍"字当头的性格和"韧"性战斗的精神，常常以"恕忍"来勉励自己。为了自己的前程事业，情愿让人三分。

　　"恕"是指在人际交往中对待他人而言的。没有"恕"就不可能有"忍"；只有忍，才能造就自己的恕道。曾国藩就是用"仁"以立人而自立，用"恕"以报德而化怨，用"忍"以缓解矛盾的激化，让自己在克己忍让中坚忍不拔，走出了同僚之间的互相倾轧，成就了自己的事业，登上了辉煌的仕途高峰。

致澄弟沅弟：惜福

澄侯、沅甫两弟左右：

接家信，知叔父大人已于三月二日安厝马公塘①。两弟于家中两代老人养病送死之事，备极诚敬，将来必食报②于子孙。闻马公塘山势平衍③，可决其无水蚁凶灾，尤以为慰。

澄弟服补剂而大愈，幸甚幸甚！吾生平颇讲求"惜福"二字之义，近来补药不断，且菜蔬亦比往年较奢④，自愧享用太过，然亦体气太弱，不得不尔。胡润帅、李希庵常服辽参，则其享受更有过于余者。

家中后辈子弟个个体弱，学射最足保养，起早尤千金妙方，长寿金丹也。

兄国藩手草
咸丰十年三月二十四日

注释

① 马公塘：地名。指曾国藩家乡荷叶塘一带。
② 食报：受报答。

③ 平衍（yǎn）：地势平坦开阔。衍：低而平坦的土地。

④ 奢：过分，过度。

译文

澄侯、沅甫两弟左右：

收到家信，得知叔父大人已于三月初二安葬在马公塘。两位贤弟在家中处理两代老人养病送终之事尽心尽力，满怀诚敬，将来必然得到子孙后代的崇敬和厚报。听说马公塘山势平缓开阔，不会出现洪水泛滥以及白蚁之患，我心中很是欣慰。

澄弟服用补品良药而身体大愈，真是一件幸事！我生平非常讲求"惜福"二字的意义，近年来也是补药不断，并且菜蔬的用度也比往

年多些，我自己羞愧于享用太过，然而身体太弱，不得不这样。胡润帅、李希庵经常服用辽参，他们比我更会享受。

家中的晚辈个个体弱，学习射箭对保养之道最为有利，早起尤其像千金妙方、长寿金丹。

兄国藩手草

咸丰十年三月二十四日

在中国的传统观念中，无论是达官显贵、豪商巨贾还是普通老百姓都会经常说"福不可享尽"，这就是"惜福"的体现。

"惜福"的说法让人有收敛之心，有助于人知足长乐。有这种观念就会自我约束，是避祸免灾的良方，也是幸福快乐的好药。

曾国藩把早起视为千金妙方、长寿金丹，可见他对早起的重视。他不但训诫子弟，还以身作则，把它列为每日必修课程。

谕纪泽纪鸿：惟读书可以变化气质

字谕纪泽纪鸿[①]儿：

今日专人送家信，甫经成行[②]，又接王辉四等带来四月初十之信（尔与澄叔[③]各一件），借悉[④]一切。

尔近来写字，总失之薄弱[⑤]，骨力[⑥]不坚劲，墨气[⑦]不丰腴，与尔身体向来轻字之弊正是一路毛病。尔当用油纸摹颜字[⑧]之《郭家庙》，柳字之《琅琊碑》《元秘塔》，以药其病。日日留心，专从厚重二字上用工，否则字质太薄[⑨]，即体质亦因之更轻矣。

人之气质[⑩]，由于天生，本难改变，惟读书则可变化气质。古之精相法者，并言读书可以变换骨相[⑪]。欲求变之之法，总须先立坚卓之志。即以余生平言之，三十岁前最好吃烟[⑫]，片刻不离，至道光壬寅[⑬]十一月二十一日立志戒烟，至今不再吃。四十六岁以前做事无恒，近五年深以为戒，现在大小事均尚有恒。即此二端，可见无事不可变也。尔于厚重二字，须立志改变。古称金丹换骨，余谓立志即丹也。满叔[⑭]四信偶忘送，故特由驲[⑮]补发。此嘱。

涤生手示[⑯]

同治元年四月二十四日

注释

①纪鸿：指曾纪鸿（1848—1881），字栗诚，曾国藩次子。酷爱数学，兼通天文、地理、舆图诸学，只是身体欠佳，英年早逝。

②甫经成行：指刚刚动身。

③澄叔：指曾国潢。

④借悉：指通过曾纪泽和曾国潢的家书知道家中的消息。

⑤薄弱：指书法的笔力单薄，不雄厚。

⑥骨力：指书法的用笔。

⑦墨气：指书法的结体。

⑧颜字：指唐代颜真卿（709—784），字清臣，孔子学生颜回的后裔。唐代京兆万年（今陕西西安）人，祖籍琅琊临沂（今山东临沂）。是唐代著名书法家，创立了"颜体"，与柳公权并称"颜柳"，书界有"颜筋柳骨"之誉。

⑨字质太薄：指笔道流便，不厚重。

⑩气质：指人的生理、心理等素质，是比较稳定的个性特点。

⑪骨相：指人的骨骼、形体、相貌。

⑫吃烟：指吸旱烟。

⑬道光壬寅：指道光二十二年（1842）。

⑭满叔：指曾国葆。

⑮驲（rì）：古代驿站专用的车，后也指驿马。驿站是古代传递文书、官员来往及运输等中途休息、住宿的地方。

⑯手示：书信用语，表示自己亲笔所写。

译文

字谕儿纪泽、纪鸿：

今天派专人送信回家，刚要起程，恰好又接到王辉四等人带来的四月初十的信（有你和澄叔的各一封），由信中知道家中的一切。

你近来写字的力道太薄弱了，骨力不够强劲，墨气也不够丰腴，就像你的身体一样，一直都存在轻弱无力的毛病。你应该用油纸临摹颜体的《郭家庙》，柳体的《琅琊碑》《元秘塔》，以锻炼笔力，弥

补不足。你要天天留心，专心在"厚重"二字上下功夫。否则字质过于薄弱，体质便会显得更虚弱了。

人的气质本由天生，早有定数，是难以轻易改变的，只有读书才能重新塑造气质。古代擅长相面的人，都认为读书可以改变骨相。要求得改变骨相的方法，必须先立下坚定不移的志向。以我的生平为例，三十岁前嗜好吸烟，整日抽水烟，没有一时的间断，到道光壬寅年十一月二十一日立志戒烟，至今没再抽烟。四十六岁之前做事没有恒心，近五年深以为戒，现在大小事情都能持之以恒了。就这两点看，可见没有什么事是不能改变的。你在"厚重"二字上必须立志苦下功夫。古人说服金丹可以换骨，我认为人立的志向就是那颗金丹！满叔的四封信碰巧忘了送去，所以特由驿站补送回去。此嘱。

涤生手示
同治元年四月二十四日

曾国藩在这封信里提出了"惟读书可以变化气质"的观点。人常说"江山易改，本性难移"，气质属于人的本性，是与生俱来的，的确难以改变，但读书能改变一个人的气质和提升一个人的格局。

曾国藩认为，只要百倍用功，每天都会有新的变化，也不怕不能改变气质，超乎凡人的用功，就能达到圣人的境界。

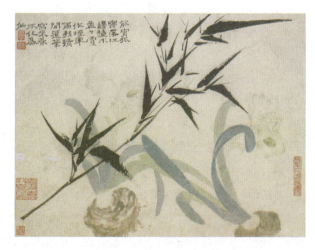

致九弟：处事修身宜明强

沅弟左右：

来信"乱世功名之际尤为难处"十字，实获我心。

本日余有一片，亦请将钦篆、督篆二者分出一席①，另简②大员。吾兄弟常存此兢兢业业③之心，将来遇有机缘，即便抽身引退，庶几④善始善终，免蹈大戾⑤乎！

至于担当大事，全在"明""强"二字。《中庸》"学""问""思""辨""行"五者，其要归于愚必明，柔必强⑥。弟向来倔强之气，却不可因位高而顿改。凡事非"气"不举，非"刚"不济，即修身齐家，亦须以"明""强"为本。

巢县既克，和、含必可得手。以后进攻二浦，望弟主持一切。余相隔太远，不遥制⑦也。

兄国藩手草

同治二年四月二十七日

注释

①钦篆：钦差大臣的大印，借指钦差大臣一职。督篆：总督的大印，借指总督的官位。

②简：选拔，选择。

③兢兢业业：谨慎戒惧的样子。

④庶几：表示揣测或希望。

⑤大戾：大的祸患、罪过。

⑥《中庸》两句："博学之，审问之，慎思之，明辨之，笃行之。有弗学，学之弗能，弗措也；有弗问，问之弗知，弗措也；有弗思，思之弗得，弗措也；

有弗辨，辨之弗明，弗措也；有弗行，行之弗笃，弗措也。人一能之己百之，人十能之己千之。果能此道矣。虽愚必明，虽柔必强。"《中庸》是儒家的经典。中庸：据朱熹注，为不偏不倚、无过无不及之意。庸，平常。

　　⑦遥制：远远地控制、指挥。

译文

沅弟左右：

　　你来信中的"乱世功名之际尤为难处"十个字，真是说到我心坎里去了。

　　今天我有一片折子，也是请求把我钦差、总督两个职位分出一个，另外选拔一名官员担任这一职位。我们兄弟要常存谨慎畏惧之心，将来遇到合适的机会，就能辞官引退，但愿能够善始善终，免于遭受大的祸患！

　　至于担当大事，全在"明""强"二字。《中庸》所说博学、审问、慎思、明辨、笃行五方面，它的要点归结为：愚必明，柔必强。贤弟向来有倔犟之气，却不能因为官位高了就马上改变。要知道凡是做事，没有"气"肯定是办不成的，没有"刚"肯定不行，即使是修身齐家，也必须要以"明""强"作为根本。

　　巢县已经被攻破，那么和州、含山也一定能到手。以后进攻江浦和浦口，希望贤弟主

持大局。你我相隔太远，不遥控指挥了。

兄国藩手草

同治二年四月二十七日

　　曾国藩认为，一个人要想做成大事，内心决不能缺少一股倔强的精神，这一点非常重要。在日常生活中，人人都想争强，因为都有好胜的心性。但一遇到挫折，有人立即变成一摊烂泥，望洋兴叹，止步不前。曾国藩终生的信条是：欲成大事，明强为本。

　　一个人要想成为强者，只有勇气不行，还必须要有一定的思想，这里的"思想"是找到解决困难的方法，也是不畏困苦的毅力，或者是另辟出路的智谋。

　　而"愚必明，柔必强"中的"愚"并不是指蠢笨、愚蠢，而是"大智若愚"的愚；而"柔"也并不是指软弱、懦弱，而是"以柔克刚"。要想做到这种"愚"，必须先做到"明"，即明白事理后才能大智若愚；要想做到"柔"，必须先做到"强"，即在有强硬的基础时，才能以柔克刚。

　　从曾国藩的诗文和军事生涯中也能看出他意志坚强，不是懦弱的人，当一种判断确定后，他从不迁就他人的意见，有主见，敢斗争。

谕纪瑞：勿忘先世之艰难

字寄纪瑞①侄左右：

前接吾侄来信，字迹端秀，知近日大有长进。纪鸿奉母来此，询及一切，知侄身体业已长成，孝友②谨慎，至以为慰。

吾家累世③以来，孝悌④勤俭。辅臣公⑤以上吾不及见，竟希公、星冈公⑥皆未明即起，竟日无片刻暇逸⑦。竟希公少时在陈氏宗祠读书，正月上学，辅臣公给钱一百，为零用之需。五月归时，仅用去一文，尚余九十九文还其父。其俭如此。星冈公当孙入翰林⑧之后，尤亲自种菜收粪。吾父竹亭公⑨之勤俭，则尔等所及见也。今家中境地虽渐宽裕，侄与诸昆弟⑩切不可忘却先世之艰难，有福不可享尽，有势不可使尽。"勤"字工夫，第一贵早起，第二贵有恒；"俭"字工夫，第一莫着华丽衣服，第二莫多用仆婢雇工。凡将相无种⑪，圣贤豪杰亦无种，只要人肯立志，都可以做得到的。侄等处最顺之境，当最富之年⑫，明年又从最贤之师，但需立定志向，何事不可成？何人不可作？愿吾侄早勉之也。

荫生⑬尚算正途功名，可以考御史。待侄十八九岁，即与纪泽同进京应考⑭。然侄此际专心读书，宜以八股、试帖⑮为要，不可专恃荫生为基，总以乡试、会试⑯能到榜前，益为门户⑰之光。

纪官⑱闻甚聪慧，侄亦以立志二字，兄弟互相劝勉，则日进无疆矣⑲。顺问近好。

涤生手示

同治二年十二月十四日

注释

① 纪瑞：指曾纪瑞（1850—1880），字伯祥，号符卿，行科四，为一品荫生、廪生，历任兵部员外郎，钦加三品衔，诰授奉直大夫。是曾国藩三弟曾国荃的长子，三十一岁时英年早逝。

② 孝友：对父母孝顺，对兄弟友爱。

③ 累世：接连几代人，历代。

④ 孝悌（tì）：又作"孝弟"，指孝顺父母，敬爱兄长。

⑤ 辅臣公：指曾国藩的高祖父曾辅臣（1722—1776），号辅庭，派名尚庭，字兴庭，一生务农。

⑥ 竟希公：指曾国藩的曾祖父曾竟希（1743—1816），派名衍胜，字儒胜，别称慎斋，诰赠光禄大夫。星冈公：指曾国藩的祖父曾玉屏（1774—1849），号星冈，诰封中宪大夫，累赠光禄大夫。

⑦ 暇逸：安逸，闲散。

⑧ 孙入翰林：指曾国藩自己于道光十八年（1838）考中三甲第四十二名进士，随即改翰林院庶吉士。翰林：指翰林院，为掌国史笔翰，备左右顾问的官署。

⑨ 竹亭公：指曾麟书（1790—1857），派名毓济，字竹亭，四十三岁进学（俗称秀才）。诰封中宪大夫、荣禄大夫、光禄大夫，诰赠建威将军、武英殿大学士、两江总督、一等威毅侯等。

⑩ 昆弟：指兄弟。

⑪ 将相无种：语出《史记·陈涉世家》："且壮士不死即已，死即举大名耳，王侯将相宁有种乎！"种，族类，指天生的贵命。

⑫ 最富之年：指年纪轻。

⑬ 荫生：旧时由于上一代有功勋被特许为具有任官资格的人。

⑭进京应考：这里指以荫生资格直接进京参加顺天乡试，中式即为举人。

⑮八股：指八股文，明清时期科举考试的一种文体，也称制艺、制义、时艺、时文、八比文。试帖：指试帖诗，一种诗体名，也称"赋得体"。源于唐代，由"帖经""试帖"影响而产生，为科举考试采用。

⑯乡试：科举考试名。明清时期每三年一次。会试：明清时期的科举制度。

⑰门户：指门第，家庭在社会上的等级地位。

⑱纪官：曾国荃的次子曾纪官（1852—1881），字剑农，号焱卿，一字愚卿，又号显臣，行科六。曾国藩称其为"少年秀才"，只可惜身体欠佳，不到三十岁就去世了。

⑲日进无疆矣：指天天进步，永不停息。

译文

字寄纪瑞侄左右：

前几日收到了侄儿的来信，只见字体端庄清秀，可知近来你的学问有很大的进步。纪鸿护送他母亲来到这里，我向他询问了一切，得知侄儿已长大成人，对父母孝顺、对兄弟友爱，我很是欣慰。

咱们家世世代代孝顺父母，敬爱兄长，生活勤俭。辅臣公以上的老人我没见过，竟希公、星冈公都是天没亮就起床，一天到晚没有片刻闲暇。竟希公年少时在陈氏宗祠读书，正月里开学，辅臣公给他铜钱一百文做零用钱。到五月份回家时，只用去一文钱，还剩九十九文又交还他父亲。可见他年幼时就是如此节俭。星冈公更是以身作则，在他的孙辈都入了翰林之后，还亲自

种菜收粪。我父亲竹亭公的勤俭，是你们已经看到的。如今我们家境虽然逐渐宽裕，侄儿和各位兄弟切不可忘记先人的艰难，有福不可享尽，有势不可使尽。

"勤"字功夫，第一贵早起，第二贵有恒心；"俭"字功夫，第一不穿华丽的衣服，第二不多用仆婢雇工。王侯将相都不是天生的，豪杰圣贤也不是天生的，只要立志奋斗，克己守身，都可以做得到的。侄儿们如今正身处顺遂之境，正值年轻有为之际，明年又要跟随最好的老师学习，只要立定志向，还有什么事做不成？什么样的人成为不了呢？希望侄儿早早努力。

荫生也还算是正

途功名，可以考御史。等侄儿十八九岁了，就与纪泽一同进京应考。但现在侄儿要专心读书，应以八股、试帖为主要功课，不能只依靠荫生的功名做基石，总要乡试、会试能名列榜上，更添门户光彩。

听说纪官天资十分聪颖，侄儿你也应该用"立志"二字与兄弟们互相勉励，以求互相学习，就会日日进步。顺问近好。

涤生手示

同治二年十二月十四日

老百姓居家过日子最重要的是俭朴，做官最重要的是守廉，自然而然俭、廉就成了曾国藩约束家人的道德规范。他不仅要求家人，而且自己身体力行，终生过着俭朴的生活。曾国藩饱读诗书，对古今之变了然于心，所以他丝毫没有暴发户"得志便猖狂"的不可一世的心态，而是教诲子侄不能忘本，要小心谨慎。在这封家书中，曾国藩以曾氏家族几代人的勤俭言传身教，希望子侄们不要忘记祖先的艰难，继承勤俭的家风，立志奋斗，克己守身。

致沅弟：咬定牙根，徐图自强

沅弟左右：

贼已回窜东路，淮、霆各军，将近五万，幼泉万人尚不在内，不能与之一为交手，可憾之至！岂天心果不欲灭此贼耶？抑吾辈办贼之法实有未善耶？

目下深虑黄州失守，不知府县尚可靠否？略有防兵否？山东、河南州县一味闭城坚守，乡间亦闭寨坚守。贼无火药，素不善攻，从无失守城池之事，不知湖北能开此风气否？鄂中水师不善用命，能多方激劝，扼住江、汉二水，不使偷渡否？少荃言捻逆断不南渡。余谓任逆以马为命，自不肯离淮南北，赖逆则未尝不窥伺大江以南。屡接弟调度公牍，从未议及水师，以后务祈①留意。

　　弟之忧灼②，想尤甚于前。然困心横虑③，正是磨炼英雄，玉汝于成④。李申夫尝谓余怄气⑤从不说出，一味忍耐，徐图自强，因引谚曰："好汉打脱牙，和血吞"。此二语，是余生平咬牙立志之诀，不料被申夫看破。余庚戌、辛亥间为京师权贵所唾骂；癸丑、甲寅为长沙所唾骂；乙卯、丙辰为江西所唾骂；以及岳州之败、靖江之败、湖口之败，盖打脱牙之时多矣，无一次不和血吞之。弟此次郭军之败，三县之失，亦颇有打脱门牙之象。来信每怪运气不好，便不似好汉声口⑥。惟有一字不说，咬定牙根，徐图自强而已。

　　子美倘难整顿，恐须催南云来鄂。鄂中向有之水、陆，其格格不入者，须设法笼络之，不可灰心懒漫，遽萌退志也。余奉命克期⑦回任，拟奏明新正赴津⑧。替出少荃来豫，仍请另简江督。

　　顺问近好。

兄国藩手草

同治五年十二月十八夜

注释

　　①务祈：请求、恳请。

　　②忧灼：忧虑，焦急。

　　③困心横虑：指心意困苦，忧虑满胸，也指费尽心思。"横"也作"衡"，语出《孟子·告子下》："困于心，衡于虑，而后作。"

　　④玉汝于成：像打磨璞玉一样磨炼你，让你成才。

　　⑤李申夫：指李榕（1818—1890），原名李甲先，字申夫，剑州（今四川剑阁）人。《十三峰书屋全集》是其传世作品。怄（òu）气：生闷气，闹情绪。

　　⑥声口：口气，口吻。

⑦克期：在规定的期限之内。

⑧赴津：上路。

译文

沅弟左右：

捻匪已经向东路返回流窜，淮军加上鲍超率领的霆军各军，将近五万人马，李幼泉所率领的一万人还不包含在内，却还不能和捻军进行一场交锋，真是太遗

憾了！难道老天爷真的不想灭掉这群逆贼吗？还是我们对付逆贼的方法确实不够完善呢？

眼前非常担心黄州会不会失守，不知道黄州下属府、县还可靠吗？巡视是否有士兵在防守？山东、河南的州县一味闭城固守，乡村也是关闭村寨大门坚守。捻匪没有火药，向来不善于攻城，从来没有发生过城池失守的事情，不知道湖北会不会在这方面开风气之先？湖北的水师不好好听命效力，能想各种办法激励，扼守长江和汉江，不让捻匪偷渡吗？李少荃说捻匪绝对不会向南渡江。我则认为任柱这股逆贼视马为命，自然不会离开淮河南北，赖文光这股逆贼不是没有窥测大江以南。屡次接到贤弟调动军队的公文，可却从来没有提到水师，日后还希望老弟多多留心。

贤弟想必比以前更加焦虑。然而身处困境百般忧虑，正是磨炼英雄，锻炼和成就你的好时候。李申夫曾说我怄气的时候从不说出来，一味忍耐，慢慢地图谋自强的方法。于是，引用谚语说："好汉打脱

牙，和血吞。"这两句话，是我生平咬紧牙关、立下大志的秘诀，不料被申夫看破。我在庚戌、辛亥年间被京城权贵唾骂，癸丑、甲寅年间被长沙的官绅唾骂，乙卯、丙辰年间被江西官绅唾骂，以及兵败岳州、兵败靖港、兵败湖口，大概打掉牙的时候多啊，没有一次不是和着血吞下去。贤弟这次和郭松林军的失败，三个县的失守，也很有打脱门牙的迹象。来信每每埋怨运气不好，这可不是好汉说话的口气。只有一个字都不说，咬紧牙关，慢慢寻找机会图谋自强才行。

郭子美如果很难整顿局面，恐怕必须要催促刘南云来湖北。湖北以前的水、陆二军，格格不入的人，必须想办法去笼络他们，不能灰心懒漫，生出引退的念头。我奉命限期回任两江总督，准备奏请来年正月上路。替出李少荃到河南来，仍旧恳请朝廷另外委派官员担任两江总督。

　　顺便问候近来状况可好。

兄国藩手草

同治五年十二月十八日夜。

感 悟

　　曾国藩的这封家书是兄长开导弟弟的肺腑之言，是兄弟间真情的流露。而"忍"字一说，源于《尚书·周书·君陈》："必有忍，其乃有济；有容，德乃大。"军国大事当然"小不忍则乱大谋"，想要使家庭和谐幸福也要忍字为上。曾国藩在这封家书中以"忍"字现身说法，鼓励弟弟"咬定牙根，徐图自强"是其立身处世的认识价值，就像今天常说的"情商"。

　　在现实生活中面对困境时，有一颗坚强的心是摆脱困境的重要且

关键的因素，当苦到极致，难到极点，我们最需要的是坚忍和"打脱牙，和血吞"的精神。

梁启超家书

人物名片

梁启超（1873—1929），字卓如，一字任甫，号任公，又号饮冰室主人、饮冰子、哀时客、中国之新民、自由斋主人等。广东新会人。清朝光绪年间举人，中国近代历史上著名的政治活动家、启蒙思想家、资产阶级改良派的宣传家、教育家、史学家和文学家。

致梁思顺：人贵自立也

十二、十三号禀皆收。

祖父南归一行，自非得已。然乡居如何可久，且亦令吾常悬悬①。望仍以吾前书之意，力请明春北来为要。前托刘子楷带各物，本有虾油、辣椒两篓（津中尤物也，北京无之），后子楷言放在车中恐有气味为人所不喜，故已抽出矣。又小说两部呈祖父消闲，有摹本缎两段，乃赏汝两妹者，人各一套。问思庄何故写信与二叔而不与我，岂至今尚未得闲耶？其外国缎一段则赏汝者也。汝三人将所赏衣服穿起照一像寄我。金器两件赏汝，汝两妹亦各一件，此次汝姊妹所得独多，汝诸弟想气不忿矣。然思成所得《四书》乃最贵之品也。可令其熟诵，明年侍我时，必须能背诵，始不辜此大赉也。吾游曲阜可令山东都督办差，张勋②派兵护卫。吾亦极思挈汝行，若国内一年内无乱事，吾又一年内可以不组织内阁，则极思挈汝遍游各省，俾汝一瞻圣迹，但又不欲汝辍学耳。津村先生肯则诲汝中央银行制度，大善大善，惟吾必欲汝稍学宪法行政法，知其大意（宪法所讲比较尤妙），经济学亦必须毕业，而各课皆须于三月前完了。试以商津村何如？经济学吾曾为汝讲生产论，故此可稍略，交通论中之银行货币既有专课尤可略，然则亦易了也。荷丈月入已八百，尚有数部，力邀彼往，其职约当前清之三品京堂，若皆应之则千余金可得。但今者报馆缺彼不可，印刷局在京非彼莫办也。而鼎父至今无着落，汝诸表兄日日来魙③我求差事，小四小八皆不自量，指缺硬索已四五次矣。吾亦无能为助甚矣，人贵自立也。

示娴儿。

饮冰，1912年12月5日

韩集本欲留读，因濒行曾许汝，故复以赍汝。吾又得一明刻本《李杜全集》，字大寸许，极可爱，姑以告汝，却不许撒娇来索。思成若解文学，则吾他日赏之。

注释

① 悬悬：惦念，挂念。

② 张勋：张勋（1854—1923），字绍轩，江西奉新人。北洋军阀，行伍出身。

③ 嬲（niǎo）：搅扰，纠缠。

致梁思顺：功课必须减少

汝病何如？若患神经衰弱，则功课必须减少，或更停课调养亦可，即受业时亦不宜务强记，至要，至要。吾党选举可望转败为胜，直隶已大胜矣。大抵将来（或稍后）即共和已可敌，国民加以民主则成大多数。第两党恐终不能合，此吾所最痛耳。连四日中座客皆夜三时乃散，报中文字竟不能作，奈何，奈何。今日有一人假冒汝表兄来打抽丰①，可谓无奇不有，将彼帖寄上，博汝母一粲②。蜕丈东游，曾至我家否？汝等照像何尚未寄至？粤中常有安禀往否？过年作何热闹耶？

示娴儿。

饮冰，廿三夕。

1913 年 1 月 23 日

注释

① 打抽丰：亦作"打秋风"，指利用关系索取钱物。

② 一粲：犹言一笑。

致梁思顺：处忧患最是人生幸事

　　王姨[1]今晨已安抵沪，幸而今晨到，否则今日必至挨饿。因邻居送饭来者已谢绝也（明日当可举火，今日以面包充饥）。此间对我之消息甚恶，英警署连夜派人来保卫，现决无虞。吾断不至遇险。吾生平所确信，汝等不必为我忧虑。现一步不出门，并不下楼，每日读书甚多，顷方拟著一书，名曰《泰西近代思想论》，觉此于中国前途甚有关系。处忧患最是人生幸事，能使人精神振奋，志气强立。两年来所境较安适，而不知不识之间德业已日退，在我犹然，况于汝辈。今复还我忧患生涯，而心境之愉快，视前此乃不啻天壤，此亦天之所以玉成[2]汝辈也。使汝辈再处如前数年之境遇者，更阅数年，几何不变为纨绔子哉！此书可寄示汝两弟，且令宝存之。

1916 年 1 月 2 日

有人来时，可将下列书捡托带来，但捡交季常丈处，彼自能理会也。

《哲学大辞书》七册；《文艺全书》一大厚册，似是早稻田大学编辑，隆文馆发行；《津村经济学》，新改版者。召希哲之故，孟希想已言之，能来则来，否则暂止亦无妨。

注释

①王姨：也称王姑娘，即王桂荃，梁启超的偏房夫人。因为这段姻缘违背了梁启超自己定下的"一夫一妻"制，所以，他要求孩子们称王桂荃为"王姨"或"王姑娘"。

②玉成：成全、促成。

致梁思顺：汝辈学业切宜勿荒

吾日内即往日本，在彼半月当归沪小住，途旅甚安，同行保护之人不乏，可勿远念！汝辈学业切宜勿荒。荷丈家中常往存问。

1916年5月3日

王姨即遣来沪，在沪待我归。已租定住宅，到沪时往周家问询便得。此事极要。

致梁思顺书：常要思报社会之恩

得十月廿一日禀，甚喜，总要在社会上常常尽力，才不愧为我之爱儿。人生在世，常要思报社会之恩，因自己地位，做得一分是一分，便人人都有事可做了。吾在此作游记，已成六七万言，本拟再住三月，全书可以脱稿，乃振飞接家电，其夫人病重（本已久病，彼不忍舍我言归，故延至今），归思甚切。此间通法文最得力者，莫如振飞，彼若先行，我辈实大不便，只得一齐提前，现已定阳历正月廿二日船期，约阴历正月杪可到家矣。一来复后便往游德国，并及奥、匈、波兰，准阳历正月十五前返巴黎，即往马赛登舟，船在安南停泊一两日。但汝切勿来迎，费数日之程，挈带小孩，图十数点钟欢聚，甚无谓也。但望汝一年后必归耳。

父示娴儿。

1919年12月2日

致梁思成：有益修身之文句，细加玩味

父示思成：

　　吾欲汝以在院两月中取《论语》《孟子》，温习谙诵，务能略举其辞，尤于其中有益修身之文句，细加玩味。次则将《左传》《战国策》全部浏览一遍，可益神智，且助文采也。更有余日读《荀子》则益善。各书可向二叔处求取。《荀子》颇有训诂[①]难通者，宜读王先谦[②]《荀子集解》。可令张明去藻玉堂老王处取一部来。

1923 年 5 月

注释

　　① 训诂：对古书字句做解释。

　　② 王先谦：王先谦（1842—1917），字益吾，因宅名为葵园，故被称为葵

园先生。清末教育家、史学家、训诂学家、实业家。湖南长沙人。主要作品有《虚受堂诗文集》《汉书补注》等。

致梁思成：磨炼德性之好机会

　　汝母归后说情形，吾意以迟一年出洋为要，志摩亦如此说，昨得君劢书，亦力以为言。盖身体未完全复元，旋行恐出毛病，为一时欲速之念所中，而贻终身之戚，甚不可也。人生之旅，历途甚长，所争绝不在一年半月，万不可因此着急失望，招精神上之萎苶。汝生平处境太顺，小挫折正磨炼德性之好机会。况在国内多预备一年，即以学业论，亦本未尝有损失耶。吾星期日或当入京一行，届时来视汝。

爹爹

1923 年 7 月 26 日

致梁思顺、梁思庄：
为你成就学业起见，不能不忍耐这几年

宝贝思顺、小宝贝庄庄①：

你们走后，我很寂寞。当晚带着忠忠听一次歌剧，第二日整整睡了十三个钟头起来，还是无聊无赖，几次往床上睡，被阿时、忠忠拉起来，打了几圈牌，不到十点又睡了，又睡十个多钟头。

思顺离开我多次了，所以倒不觉怎样；庄庄这几个月来天天挨着我，一旦远行，我心里着实有点难过。但为你成就学业起见，不能不忍耐这几年。

庄庄跟着你姊姊，我是十二分放心了；但我十五日早晨吩咐你那几段话，你要常常记在心里，等到再见我时，把实行这话的成绩交还

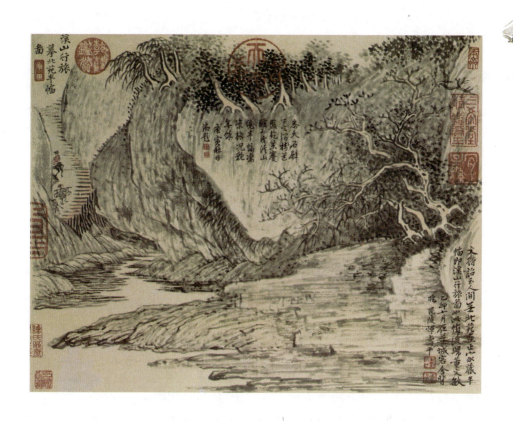

我，我便欢喜无量了。

　　我昨天闷了一天，今日已经精神焕发，和你七叔讲了一会书，便着手著述，已成二千多字。现在十一点钟，要睡觉了，趁砚台上余墨写这两纸寄你们。

　　你们在日本看过什么地方？寻着你们旧游痕迹没有？在船上有什么好玩（小斐儿曾唱歌否？）？我盼望你们用日记体写出，详细寄我（能出一份《特国周报》临时增刊尤妙）。

　　我打算礼拜一入京，那时候你们还在上海呢。在京至多十日便回家，决意在北戴河过夏，可惜庄庄不能跟着，不然当得许多益处。

　　祝你们一路安适，两个礼拜后我就盼你们电报，四个礼拜后就会得你们温哥华来信，内中也许夹着有思成、思永信了。

爹爹十七晚

1925 年 4 月 17 日

注释

① 当时梁思顺已经与周希哲结婚。梁启超仍然以"宝贝"称呼，对其他几个孩子，例如称二女儿思庄为"小宝贝"，称两个儿子思成、思永则为"不甚宝贝"，称梁思忠、梁思达为"忠忠""达达"，称梁思懿为"司马懿"，"六六"是梁思宁的称呼，而小儿子梁思礼则被称为"老baby"，或者"老白鼻"。

致梁思顺等：早睡早起，甚是安适

我自从给你们两亲家强逼戒酒和强逼运动后，身体更强健，饭量大加增，有一天在外边吃饭，偶然吃了两杯酒，回家来，思达说"打电报告姊姊去"，王姑娘也和小思礼说"打电报给亲家"，小思礼便说"打！打！"闹得满屋子都笑了，我也把酒吓醒了。

我现在每日著书多则三四千字，少则一千几百，写汉隶每天两三条屏。功课有定，不闲不忙，早睡早起，甚是安适。

1925年5月前后

致孩子们：求学问不是求文凭

孩子们：

我像许久没有写信给你们了。但是前几天寄去的相片，每张上都有一首词，也抵得过信了。

今天接着大宝贝五月九日、小宝贝五月三日来信，很高兴。那两位"不甚宝贝"的信，也许明后天就到罢？

我本来前十天就去北戴河，因天气很凉，索性等达达放假才去。

他明天放假了，却是还在很凉。一面张、冯开战消息甚紧，你们二叔和好些朋友都劝勿去，现在去不去还未定呢。

我还是照样的忙，近来和阿时、忠忠三个人合作做点小顽意，把他们做得兴高采烈。我们的工作多则一个月，少则三个礼拜，便做完。做完了，你们也可以享受快乐。你们猜猜干些什么？

庄庄，你的信写许多有趣话告诉我，我喜欢极了。你往后只要每水船都有信，零零碎碎把你的日常生活和感想报告我，我总是喜欢的。我说你"别耍孩子气"，这是叫你对于正事——如做功课，与及料理自己本身各事等——自己要拿主意，不要依赖人。至于做人带几分孩子气，原是好的。你看爹爹有时还"有童心"呢。

你入学校还是在加拿大好。你三个哥哥都受美国教育，我们家庭要变"美国化"了！我很望你将来不经过美国这一级（也并非一定如此，还要看环境的利便），便到欧洲去，所以在加拿大预备像更好。稍旧一点的严正教育，受了很有益，你还是安心入加校罢。至于未能立进大学，这有什么要紧，"求学问不是求文凭"，总要把墙基越筑得厚越好。你若看见别的同学都入大学，便自己着急，那便是"孩子气"了。

思顺对于徽音感情完全恢复，我听见真高兴极了。这是思成一生幸福关键所在，我几个月前很怕思成因此生出精神异动，毁掉了这孩

子，现在我完全放心了。思成前次给思顺的信说："感觉着做错多少事，便受多少惩罚，非受完了不会转过来。"这是宇宙间惟一真理，佛教说的"业"和"报"就是这个真理（我笃信佛教，就在此点，七千卷《大藏经》也只说明这点道理）。凡自己造过的"业"，无论为善为恶，自己总要受"报"，一斤报一斤，一两报一两，丝毫不能躲闪，而且善和恶是不准抵消的。

佛对一般人说轮回，说他（佛）自己也曾犯过什么罪，因此曾入过某层地狱，做过某种畜生，他自己又也曾做过许多好事，所以亦也曾享过什么福。……如此，恶业受完了报，才算善业的账，若使正在享善业的报的时候，又做些恶业，善报受完了，又算恶业的账，并非有个什么上帝做主宰，全是"自业自得"，又并不是像耶教说的"到世界末日算总账"，全是"随作随受"。又不是像耶教说的"多大罪恶一忏悔便完事"，忏悔后固然得好处，但曾经造过的恶业，并不因忏悔而灭，是要等"报"受完了才灭。佛教所说的精理，大略如此。他说的六道轮回，等等，不过为一般浅人说法，说些有形的天堂地狱，其实我们刻刻在轮回中，一生不知经过多少天堂地狱。即如思成和徽音，去年便有几个月在刀山剑树上过活！这种地狱比城隍庙十王殿里画出来还可怕，因为一时造错了一点业，便受如此惨报，非受完了不会转头。倘若这业是故意造的，而且不知忏悔，则受报连绵下去，无有尽时。因为不是故意的，而且忏悔后又造善业，所以地狱的报受够之后，天堂又到了。若能绝对不造恶业（而且常造善业——最大善业是"利他"），则常住天堂（这是借用俗教名词）。佛说是"涅槃"（涅槃的本意是"清凉世界"）。我虽不敢说常住涅槃，但我总算心地清凉的时候多，换句话说，我住天堂时候比住地狱的时候多，也是因为我比较地少造恶业的缘故。我的宗教观、人生观的根本在此，这些话都是我切实受用的所在。因思成那封信像是看见一点这种真理，所以顺便给你们谈谈。

思成看着许多本国古代美术，真是眼福，令我羡慕不已，甲胄的扣带，我看来总算你新发明了（可得奖赏）。或者书中有讲及，但久已没有实物来证明。

昭陵石马怎么会已经流到美国去，真令我大惊！那几只马是有名的美术品，唐诗里"可要昭陵石马来"，"昭陵风雨埋冠剑，石马无声蔓草寒"，向来诗人讴歌不知多少。那些马都有名字——是唐太宗赐的名，画家雕刻家都有名字可考据的。我所知道的，现在还存四只（我们家里藏有拓片，但太大，无从裱，无从挂，所以你们没有看见），怎么美国人会把它搬走了！若在别国，新闻纸不知若何鼓噪，在我们国里，连我怎么一个人，若非接你信，还连影子都不晓得呢。可叹，可叹！

希哲既有余暇做学问，我很希望他将国际法重新研究一番，因为欧战以后国际法的内容和从前差得太远了。十余年前所学现在只好算古董，既已当外交官，便要跟着潮流求自己职务上的新智识。还有中国和各国的条约全文，也须切实研究。希哲能趁这个空闲做这类学问最好。若要汉文的条约汇纂，我可以买得寄来。

和思顺、思永两人特别要说的话，没有什么，下次再说罢。

思顺信说"不能不管政治"，近来我们也很有这种感觉。你们动身前一个月，多人凝议也就是这种心理的表现。现在除我们最亲密的朋友外，多数稳健分子也都拿这些话责备我，看来早晚是不能袖手的。现在打起精神做些预备工夫（这几年来抛空了许久，有点吃亏），等着时局变迁再说罢。

老白鼻好顽极了，从没有听见哭过一声，但整天的喊和笑，也很够他的肺开张了。自从给亲家收拾之后，每天总睡十三四个钟头，一到八点钟，什么人抱他，他都不要，一抱他，他便横过来表示他要睡，放在床上爬几爬，滚几滚，就睡着了。这几天有点可怕——好咬人，借来磨他的新牙，老郭每天总要着他几口。他虽然还不会叫亲家，却是会填词送给亲家，我问他："是不是要亲家和你一首？"他说："得、得、得，对、对、对。"

夜深了，不和你们顽了，睡觉去。

爹爹

1925 年 7 月 10 日

前几天填得一首词，词中的寄托，你们看得出来不？

浣溪沙·端午后一日夜坐

乍有官蛙闹曲池，

更堪鸣砌露蛩悲。

隔林辜负月如眉。

坐久漏签催倦夜，

归来长簟梦佳期。

不因无益废相思。

（李义山诗："直道相思了无益"。）

致孩子们：子弟之礼，是要常常在意的

孩子们：

前日得思成八月十三日、思永十二日信，今日得思顺八月四日及十二日两信，庄庄给忠忠的信也同时到，成、永此时想已回美了，我很着急，不知永去得成去不成，等下次信就揭晓了。

我搬到清华已经五日了（住北院教员住宅第二号）。因此次乃自己租房住，不受校中供应，王姑娘又未来（因待送司马懿入学），廷灿又围困在广东至今未到，我独自一人住着不便极了。昨天大伤风（连夜不甚睡得着），有点发烧，想洗热水澡也没有，找如意油、甘露茶也没有，颇觉狼狈，今日已渐好了。王姨大约一二日也来了，以后便长住校中，你们来信可直寄此间，不必由天津转了。

校课甚忙——大半也是我自己找着忙——我很觉忙得有兴会。新编的讲义极繁难，费的脑力真不少。盼望老白鼻快来，每天给我舒散舒散。

葬期距今仅有二十天了。你二叔在山上住了将近一月，以后还须住一月有奇，住在一个小馆子内，菜也吃不得，每天跑三十里路，大烈日里在坟上监工。从明天起搬往香山见心斋住（稍为舒服点），但离坟更远，跑路更多了。这等事本来是成、永们该做的，现在都在远，忠忠又为校课所迫，不能效一点劳，倘若没有这位慈爱的叔叔，真不知如何办得下去。我打算到下葬后，叫忠忠们向二叔磕几头叩谢。你们虽在远，也要各写一封信，恳切陈谢（庄庄也该写）。谅来成、永写信给二叔更少。这种子弟之礼，是要常常在意的，才算我们家的乖孩子。

厨子事等王姨来了再商量。现在清华电灯快灭了，我试上床去，看今晚睡得着不。晚饭后用脑，便睡不着，奈何，奈何！

爹爹

1925 年 9 月 13 日

致孩子们：这才是我们忠厚家风哩

国内近来乱事想早知道了，这回怕很不容易结束，现在不过才发端哩。因为百里在南边（他实是最有力的主动者），所以我受的嫌疑很重，城里头对于我的谣言很多，一会又说我到上海（报纸上已不少，私人揣测更多），一会又说我到汉口。尤为奇怪者，林叔叔很说我闲话，说我不该听百里们胡闹，真是可笑。儿子长大了，老子也没有法干涉他们的行动，何况门生？即如宗孟去年的行动，我并不赞成，然而外人看着也许要说我暗中主使，我从哪里分辩呢？外人无足怪，宗孟很可以拿己身作比例，何至怪到我头上呢？总之，宗孟自己走的路太窄，成了老鼠入牛角，转不过身来，一年来已很痛苦，现在更甚。因为二十年来的朋友，这一年内都分疏了，他心里想来非常难过，所以神经过敏，易发牢骚，本也难怪，但觉得可怜罢了。

国事前途仍无一线光明希望。百里这回卖怎么大气力（许多朋友亦被他牵在里头），真不值得（北洋军阀如何能合作？）。依我看来，也是不会成功的。现在他与人共事正在患难之中，也万无劝他抽身之理，只望他到一个段落时，急流勇退，留着身子，为将来之用。他的计划像也是如此。

我对于政治上责任固不敢放弃（近来愈感觉不容不引为己任），故虽以近来讲学，百忙中关于政治上的论文和演说也不少（你们在《晨报》和《清华周刊》上可以看见一部分），但时机总未到，现在只好切实下预备工夫便了。

葬事共用去三千余金。葬毕后忽然看见有两个旧碑很便宜，已经把他买下来了。那碑是一种名叫汉白玉的，石高一丈三，阔六尺四，厚一尺六，驮碑的两只石龟长九尺，高六尺。新买总要六千元以上，

我们花六百四十元，便买来了。初买得来很高兴，及至商量搬运，乃知丫头价钱比小姐阔得多。碑共四件，每件要九十匹骡才拖得动，拖三日才能拖到，又卸下来及竖起来，都要费莫大工程，把我们吓杀了。你二叔大大地埋怨自己，说是老不更事，后来结果花了七百多块钱把他拖来，但没有竖起，将来竖起还要花千把几百块。现在连买碑共用去四千五百余，存钱完全用光，你二叔还垫出八百余元。他从前借我的钱，修南长街房子，尚余一千多未还，他看见我紧，便还出这部分。我说你二叔这回为葬事，已经尽心竭力，他光景^①亦不佳，何必汲汲，日内如有钱收入，我打算仍还他再说。

今年很不该买北戴河房子，现在弄到非常之窘，但仍没有在兴业透支。现在在清华住着很省俭，四百元薪水还用不完，年底卖书有收入，便可以还二叔了。日内也许要兼一项职务，月可有五六百元收入，家计更不至缺乏。

现在情形，在京有固定职务，一年中不走一趟天津，房子封锁在那边殊不妥（前月着贼，王姨得信回去一趟。但失的不值钱的旧衣服），我打算在京租一屋，把书籍东西全份搬来，便连旧房子也出租，或者并将新房子卖去，在京另买一间。你们意思如何？

思成体子复元，听见异常高兴，但食用如此俭薄，全无滋养料，如何要得。我决定每年寄他五百美金左右，分数次寄去。日内先寄中国银二百元，收到后留下二十元美金给庄庄零用，余下的便寄思成去。

思顺所收薪水公费，能敷开销，也算好了，我以为还要赔呢。你们夫妇此行，总算替我了两桩心事：第一件把思庄带去留学，第二件给思成精神上的一大安慰。这两件事有补于家里真不少。何况桂儿姊弟亦得留学机会，顺自己还能求学呢。一二年后调补较好的缺，亦意中事，现在总要知足才好。留支薪俸若要用时，我立刻可以寄去，不必忧虑。

待文杏如此，甚好甚好。这才是我们忠厚家风哩。

廷灿今春已来。他现在有五十元收入，勉强敷用，还能积存些。你七叔明年或可以做我一门功课的助教，月得百元内外。

现在四间半屋子挤得满满的。我卧房一间，书房一间，王姨占一间，七叔便住在饭厅，阿时和六六住半间，倒很热闹。老白鼻病了四五天，全家都感寂寞，现在全好了，每天拿着亲家相片叫家家，将来见面一定只知道这位是亲家了。

爹爹

1925 年 11 月 9 日

注释

① 光景：情形。

致梁思成：学问学够了回来，创造世界

思成：

我初二进城，因林家事奔走三天，至今尚未返清华。前星期因有营口安电，我们安慰一会。初二晨，得续电又复绝望（立刻电告你并发一信，想俱收。徽音有电来，问现在何处。电到时此间已接第二次凶电，故不复）。昨晚彼中脱难之人，到京面述情形，希望全绝，今日已发丧了。遭难情形，我也不忍详报，只报告两句话：（一）系中流弹而死，死时当无大痛苦；（二）遗骸已被焚烧，无从运回了。我们这几天奔走后事，昨日上午我在王熙农家连四位姑太太都见着了，今日到雪池见着两位姨太太。现在林家只有现钱三百余元。营口公司被张作霖监视中（现正托日本人保护，声称已抵押日款，或可幸存），实则此公司即能保全，前途办法亦甚困难。字画一时不能脱

手，亲友赙奠数恐亦甚微。目前家境已难支持，此后儿女教育费更不知从何说起。

现在惟一的办法，仅有一条路，即国际联盟会长一职，每月可有二千元收入（钱是有法拿到的）。我昨日下午和汪年伯商量，请他接手，而将所入仍归林家，汪年伯慷慨答应了。现在与政府交涉，请其立刻发表。此事若办到，而能继续一两年，则稍为积储，可以充将来家计之一部分。我们拟联合几位朋友，连同他家兄弟亲戚，组织一个抚养遗族评议会，托林醒楼及王熙农、卓君庸三人专司执行。因为他们家里问题很复杂，兄弟亲戚们或有见得到而不便主张者，则朋友们代为主张。这些事过几天

（待丧事办完后）我打算约齐各人，当着两位姨太太面前宣布办法，分担责成（家事如何收束等等，经我们议定后，谁也不许反抗）。但现在惟一希望，在联盟会事成功，若不成，我们也束手无策了。

徽音的娘，除自己悲痛外，最挂念的是徽音要急杀。我告诉她，我已经有很长的信给你们了。徽音好孩子，谅来还能信我的话。我问她还有什么（特别）话要我转告徽音没有。她说："没有，只有盼望徽音安命，自己保养身体，此时不必回国。"我的话前两封信都已说过了，现在也没有别的话说，只要你认真解慰便好了。

徽音学费现在还有多少，还能支持几个月，可立刻告我，我日内当极力设法，筹多少寄来。我现在虽然也很困难，只好对付一天是一天，倘若家里那几种股票还有利息可分（恐怕最靠得住的几个公司都会发生问题，因为在丧乱如麻的世界中，什么事业都无可做），今年总可勉强支持，明年再说明年的话。天下大乱之时，今天谁也料不到明天的事，只好随遇而安罢了。你们现在着急也无益，只有努力把自己学问学够了回来，创造世界才是。

爹爹

1926 年 1 月 5 日北海图书馆写

致孩子们：择交是最要紧的事

孩子们：

今天接顺儿八月四日信，内附庄庄由费城去信，高兴得很。尤可喜者，是徽音待庄庄那种亲热，真是天真烂漫好孩子。庄庄多走些地方（独立的），多认识些朋友，性格格外活泼些，甚好甚好。但择交是最要紧的事，宜慎重留意，不可和轻浮的人多亲近。庄庄以后离开家庭渐渐的远，要常常注意这一点。大学考上没有？我天天盼这个信，谅来不久也到了。

忠忠到美，想你们姊弟兄妹会在一块，一定高兴得很，有什么有趣的新闻，讲给我听。

我的病从前天起又好了，因为碰着四姑的事，病翻了五天（五天内服药无效），这两天哀痛过了，药又得力了。昨日已不红，今日很清了，只要没有别事刺激，再养几时，完全断根就好了。

四姑的事，我不但伤悼四姑，因为细婆太难受了，令我伤心。现在祖父祖母都久已弃养，我对于先人的一点孝心，只好寄在细婆身

上，千辛万苦，请了出来，就令她老人家遇着绝对不能宽解的事（怕的是生病），怎么好呢？这几天全家人合力劝慰她，哀痛也减了好些，过几日就全家入京去了。清华八日开学，我六日便入京，在京（城里）还有许多事要料理，王姨及细婆等迟一礼拜乃去。

张孝若丁忧，已辞职，我三日前写一封信给蔡廷幹，讲升任事，能成与否，入京便见分晓。

思永两个月没有信来，他娘很记挂，屡屡说"想是冲气吧"，我想断未必，但不知何故没有信。你从前来信说不是悲观，也不是精神异状，我很信得过是如此，但到底是年轻，学养未到，我因久不得信，也不能不有点担心了。

国事局面大变，将来未知所届，我病全好之后，对于政治不能不痛发言论了。

爹爹

1926 年 9 月 4 日

致孩子们：得做且做

孩子们：

有件小小不幸事情报告你们，那小同同已经死了。她的病是肺炎，在医院住了六天，死得像很辛苦很可怜。这是近一个月来京津间的流行病，听说因这病死的小孩，每天总有好几个，初起时不甚觉得重大，稍迟已无救了。同同大概被清华医生耽搁了三天（一起病已吃药，但并不对症），克礼来看时已是不行了。我倒没有什么伤感（几乎一点也没有，除却他病重时去看他，觉得不忍。我自始对于他便没有特别爱惜，不知何故），他娘娘在医院中连着五天五夜，几乎完全没有睡觉，辛苦憔悴极了。还好她还能达观，过两天身体与及心境都完全恢复了，你们不必担心。

当小同同病重时，老白鼻也犯同样的病，当时他在清华，他娘在城里，幸亏发现得早，立刻去医，也在德国医院住了四天，现在已经出院四天，完全安心了。克礼说若迟两天医也很危险哩。说起来也奇怪，据老郭说，那天晚上他做梦，梦见你们妈妈来骂他道："那小的已经不行了，老白鼻也危险，你还不赶紧抱他去看，走！走！快走，快走！"就这样的把他从睡梦里打起来了。他明天来和我说，没有说做梦，这些梦话是他到京后和王姨说的。老白鼻夜里

咳嗽得颇厉害，但是胃口很好，出恭很好，谅来没什么要紧罢。本来因为北京空气不好，南长街孩子太多，不愿意他在那边住，所以把他带回清华。我叫到清华医院看，也说绝不要紧，到底有点不放心，那天我本来要进城，于是把他带去，谁知克礼一看，说正是现在流行最危险的病，叫在医院住下。那天晚上小同便死了。他娘还带着老白鼻住院四天，现在总算安心了。你们都知道，我对于老白鼻非常之爱，倘使他有什么差池，我的刺激却太过了，老郭的梦虽然杳茫，但你妈妈在天之灵常常保护她一群心爱的孩子，也在情理之中。这回把老白鼻救转来，老郭一梦，实也功劳不小哩。

使馆经费看着丝毫办法没有，真替思顺们着急，前信说在外国银行自行借垫，由外交部承认担保，这种办法希哲有方法办到吗？望速进行，若不能办到，恐怕除回国外无别路可走。但回国也很难，不惟没有饭吃，只怕连住的地方都没有。北京因连年兵灾，灾民在城圈里骤增十几万，一旦兵事有变动（看着变动很快，怕不能保半年），没有人维持秩序，恐怕京城里绝对不能住。天津租界也不见安稳得多少，因为洋鬼子的纸老虎已经戳穿，哪里还能靠租界做避世桃源呢？现在武汉一带，中产阶级简直无生存之余地，你们回来又怎么样呢？所以我颇想希哲在外国找一件职业，暂行维持生活，过一两年再作道理，你们想想有职业可找吗？

前信颇主张思永暑期回国，据现在情形，还是不来的好，也许我就要亡命出去了。

这信上讲了好些悲观的话，你们别要以为我心境不好，我现在讲学正讲得起劲哩，每星期有五天讲演，其余办的事，也兴会淋漓，我总是抱着"有一天做一天"的主义（不是"得过且过"，却是"得做且做"），所以一样的活泼、愉快，谅来你们知道我的性格，不会替我担忧。

爹爹
1927 年 3 月 9 日

致孩子们：不会因为环境的困苦或舒服而堕落

孩子们：

这个礼拜寄了一封公信，又另外两封（内一封由坎转）寄思永，一封寄思忠，都是商量他们回国的事，想都收到了。

近来连接思忠的信，思想一天天趋到激烈，而且对于党军胜利似起了无限兴奋，这也难怪。本来中国十几年来，时局太沉闷了，军阀们罪恶太贯盈了，人人都痛苦到极，厌倦到极，想一个新局面发生，以为无论如何总比旧日好，虽以年辈很老的人尚多半如此，何况青年们！所以你们这种变化，我绝不以为怪，但是这种希望，只怕还是落空。

我说话很容易发生误会，因为我向来和国民党有那些历史在前头。其实我是最没有党见的人，只要有人能把中国弄好，我绝不惜和他表深厚的同情，我从不采那"非自己干来的都不好"那种褊①狭嫉妒的态度……

…………

在这种状态之下，于是乎我个人的出处进退发生极大问题。近一个月以来，我天天被人（却没有奉派军阀在内）包围，弄得我十分为难。简单说许多部分人太惜痛恨于共党，而对于国党又绝望，觉得非有别的团体出来收拾不可，而这种团体不能不求首领，于是乎都想到我身上。其中进行最猛烈者，当然是所谓国家主义者那许多团体，次则国党右派的一部分人，次则所谓实业界的人（次则无数骑墙或已经投降党军而实在是假的那些南方二三等军阀），这些人想在我的统率之下，成一种大同盟。他们因为团结不起来，以为我肯挺身而出，便团结了，所以对于我用全力运动。除直接找我外，对于我的朋友、门生都进行不遗余力（研究院学生也在他们运动之列，因为国家主义青年团多半是学生），我的朋友、门生对这问题也分两派：张君劢、陈博生、胡石青等是极端赞成的，丁在君、林宰平是极端反对的。他们双方的理由，我也不必详细列举。总之，赞成派认为这回事情比洪宪更重大万倍，断断不能旁观；反对派也承认这是一种理由。其所以反对，专就我本人身上说，第一是身体支持不了这种劳苦，第二是性格不宜于政党活动。

我一个月以来，天天在内心交战苦痛中。我实在讨厌政党生活，一提起来便头痛。因为既做政党，便有许多不愿见的人也要见，不愿做的事也要做，这种日子我实在过不了。若完全旁观畏难躲懒，自己对于国家实在良心上过不去。所以一个月来我为这件事几乎天天睡不着（却是白天的学校功课没有一天旷废，精神依然十分健旺），但现在我已决定自己的立场了。我一个月来，天天把我关于经济制度（多年来）的断片思想，整理一番。自己有确信的主张（我已经有两三个礼拜在储才馆、清华两处讲演我的主张），同时对于政治上的具体办法，虽未能有很惬心贵当的，但确信代议制和政党政治断不适用，非打破不可。所以我打算在最近期间内把我全部分的主张堂堂正正著出一两部书来，却是团体组织我绝对不加入，因为我根本就不相信那种东西能救中国。最近几天，季常从南方回来，很赞成我这个态度（丁在君们是主张我全不理政治，专做我几年来所做的工作，这样实在对不起我的良心），我再过两礼拜，本学年功课便已结束，我便离开清华，用两个月做成我这项新工作（煜生听见高兴极了，今将他的信寄上，谅来你们都同此感想吧）。

…………

以下的话专教训忠忠。

三个礼拜前，接忠忠信，商量回国，在我万千心事中又增加一重心事。我有好多天把这问题在我脑里盘旋。因为你要求我秘密，我尊重你的意思，在你二叔、你娘娘跟前也未提起，我回你的信也不由你姊姊那里转。但是关于你终身一件大事情，本来应该和你姊姊、哥哥们商量（因为你姊姊、哥哥不同别家，他们都是有程度的人），现在得姊姊信，知道你有一部分秘密已经向姊姊吐露了，所以我就在这公信内把我替你打算的和盘说出，顺便等姊姊、哥哥们都替你筹划一下。

你想自己改造环境，吃苦冒险，这种精神是很值得夸奖的，我看见你这信非常喜欢。你们谅来都知道，爹爹虽然是挚爱你们，却从不肯姑息溺爱，常常盼望你们在苦困危险中把人格磨炼出来。你看这回西域冒险旅行，我想你三哥加入，不知多少起劲，就这一件事也很可以证明你爹爹爱你们是如何的爱法了。所以我最初接你的信，倒有六七分赞成的意思，所费商量者，就只在投奔什么人——详情见前信，想早已收到——我当时回你信过后，我便立刻找蒋慰堂，叫他去商量白崇禧那里，又找林宰平商量李济深那里。你的秘密我就只告诉这两个人（前天季常来问起这件事，我大吃一惊，连你二叔都不知道，他怎么会知道呢？原来是宰平告诉他。宰平也颇赞成）。现在都还没有回信——因为交通梗塞，通信极慢——但现在我主张已全变，绝对的反对你回来了。因为三个礼拜前情形不同，对他们还有相当的希望，觉得你到那边阅历一年总是好的。

现在呢？对于白、李两人虽依然不绝望——假使你现在国内，也许我还相当的主张你去——但觉得老远跑回来一趟，太犯不着了。头一件，现在所谓北伐已完全停顿，参加他们军队，不外是参加他们火拼，所为何来？第二件，自从党军发展之后，素质一天坏一天，现在已迥非前比。白崇禧军队算是极好的，到上海后纪律已大坏，人人都说远不如孙传芳军哩。跑进去不会有什么好东西学得来。第三件，他们正火拼得起劲，人人都有自危之心，你跑进去立刻便卷挽在这种危险漩涡中。危险固然不必避，但须有目的才犯得着冒险。现这样不分皂白切葱一般杀人，死了真报不出账来。冒险总不是这种冒法。这是我近来对于你的行止变更主张的理由，也许你自己亦已经变更了。我知道你当初的计划，是几经考虑才定的，并不是一时的冲动。但因为你在远，不知事实，当时几视党人为神圣，想参加进去，最少也认为是自己历练事情的惟一机会。这也难怪。北京的智识阶级，从教授到学生，纷纷南下者，几个月以前不知若干百千人，但他们大多数都极狼狈、极失望而归了。你若现成在中国，倒不妨去试一试（他们也一定有人欢迎你），长点眼识，但老远跑回来，在极懊丧、极狼狈中白费一年光阴，却太不值了。

至于你那种改造环境的计划，我始终是极端赞成的，早晚总要实行三几年，但不争在这一时。你说："照这样舒服几年下去，便会把人格送掉。"这是没出息的话！一个人若是在舒服的环境中会消磨志气，那么在困苦懊丧的环境中也一定会消磨志气。你看你爹爹困苦日子经过多少，舒服日子也经过多少，老是那样子，到底志气消磨了没有？——也许你们有时会感觉爹爹是怠惰了（我自己常常有这种警惧），不过你再转眼一看，一定会仍旧看清楚不是这样——我自己常常感觉我要拿自己做青年的人格模范，最少也要不愧做你们姊姊弟兄的模范。我又很相信我的孩子们，个个都会受我这种遗传和教训，不会因为环境的困苦或舒服而堕落的。你若有这种自信力，便"随遇而安"地做现在所该做的工作，将来绝不怕没有地方、没有机会去磨炼，你放心罢。

你明年能进西点便进去，不能也没有什么可懊恼，进南部的"打人学校"也可，到日本也可，回来入黄埔也可（假使那时还有黄埔），我总尽力替你设法。就是明年不行，把政治经济学学得可以自信回来，再入哪个军队当排长，乃至当兵，我都赞成。但现在殊不必牺牲光阴，太勉强去干。所以无论宰平们回信如何，我都替你取消前议了。你试和姊姊、哥哥们切实商量，只怕也和我同一见解。

这封信前后经过十几天，才陆续写成，要说的话还不到十分之一。电灯久灭了，点着洋蜡，赶紧写成，明天又要进城去。

你们看这信，也该看出我近来生活情形的一斑了。我虽然为政治问题很绞些脑髓，却是我本来的工作并没有停。每礼拜四堂讲义都讲得极得意（因为《清华周刊》被党人把持，周传儒们不肯把讲义笔记给他们登载），每次总讲两点钟以上，又要看学生们成绩，每天写字时候仍极多。昨今两天给庄庄、桂儿写了两把小楷扇子。每天还和老白鼻顽得极热闹，陆续写给你们的信也真不少。你们可以想见爹爹精神何等健旺了。

爹爹
1927 年 5 月 5 日

注释

① 褊：通"偏"。

致梁思顺：在困苦中求出快活

顺儿：

我看见你近日来的信，很欣慰。你们缩小生活程度，暂在坎坷一两年，是最好的。你和希哲都是寒士家风出身，总不要坏自己家门本色，才能给孩子们以磨炼人格的机会。生当乱世，要吃得苦，才能站得住（其实何止乱世为然），一个人在物质上的享用，只要能维持着生命便够了。至于快乐与否，全不是物质上可以支配。能在困苦中求出快活，才真是会打算盘哩。何况你们并不算穷苦呢？拿你们比你们（两个人）的父母，已经舒服多少倍了，以后困苦日子，也许要比现在加多少倍，拿现在当作一种学校，慢慢磨炼自己，真是再好不过的事，你们该感谢上帝。

你好几封信提小六还债事，我都没有答复。我想你们这笔债权只好算拉倒罢。小六现在上海，是靠向朋友借一块两块钱过日子，他不肯回京，即回京也没有法好想，他因为家庭不好，兴致索然，我怕这个人就此完了。除了他家庭特别关系以外，也是因中国政治太坏，政客的末路应该如此（八百猪仔，大概都同一命运吧）。古人说："择术不可不慎"，真是不错。但亦由于自己修养工夫太浅，所以立不住脚，假使我虽处他这种环境，也断不至像他样子。他还没有学下流，到底还算可爱，只是万分可怜罢了。

我们家几个大孩子大概都可以放心，你和思永大概绝无问题了。思成呢？我就怕因为徽音的境遇不好，把他牵动，忧伤憔悴是容易消磨人志气的（最怕是慢慢的磨）。即如目前因学费艰难，也足以磨人；但这是一时的现象，还不要紧，怕将来为日方长。我所忧虑者还不在物质上，全在精神上。我到底不深知徽音胸襟如何；若胸襟窄狭的人，一定抵当不住忧伤憔悴，若忧伤憔悴影响到思成，便把我的思

成毁了。你看不至如此吧！关于这一点，你要常常帮助着思成注意预防。总要常常保持着元气淋漓的气象，才有前途事业之可言。

思忠呢，最为活泼，但太年轻，血气未定，以现在情形而论，大概不会学下流（我们家孩子断不至下流，大概总可放心），只怕进锐退速，受不起打击。他所择的术——政治、军事——又最含危险性，在中国现在社会做这种职业很容易堕落。即如他这次想回国，虽是一种极有志气的举动，我也很夸奖他，但是发动得太孟浪了。这种过度的热度，遇着冷水浇过来，就会抵不住。从前许多青年的堕落，都是如此。我对于这种志气，不愿高压，所以只把事业上的利害慢慢和他解释，不知他听了如何？这种教育方法，很是困难，一面不可以打断他的勇气，一面又不可以听他走错了路（走错了本来没有什么要紧，聪明的人会回头另走，但修养工夫未够，也许便因挫折而堕落），所以我对于他还有好几年未得放心，你要就近常察看情形，帮着我指导他。

今日没有功课，心境清闲得很，随便和你谈谈家常，很是快活，要睡觉了，改天再谈罢。

爹爹
1927 年 5 月 13 日

你们的留支稍为迟点再寄去，因为汇去美金五千，此间已无余钱，谅来迟一两个月还不碍事吧。

致孩子们：替祖国服务，是人人共有的道德责任

孩子们：

我近来寄你们的信真不少，你们来信亦还可以，只是思成的太少，好像两个多月没有来信了，令我好生放心不下。我很怕他感受什

么精神上刺激苦痛。我以为，一个人什么病都可医，惟有"悲观病"最不可医，悲观是腐蚀人心的最大毒菌。生当现在的中国人，悲观的资料太多了。思成因有徽音的连带关系，徽音这种境遇尤其易趋悲观，所以我对思成格外放心不下。

关于思成毕业后的立身，我近几个月来颇有点盘算，姑且提出来供你们的参考——论理毕业后回来替祖国服务，是人人共有的道德责任。但以中国现情而论，在最近的将来，几年以内敢说绝无发展自己所学的余地，连我还不知道能在国内安居几时呢！（并不论有没有党派关系，一般人都在又要逃命的境遇中）你们回来有什么事可以做呢？多少留学生回国后都在求生不能、求死不得的状态中，所以我想思成在这时候先打打主意，预备毕业后在美国找些职业，蹲两三年再说，这话像是"非爱国的"，其实也不然。你们若能于建筑美术上实有创造能力，开出一种"并综中西"的宗派，就先在美国试验起来，若能成功，则发挥本国光荣，便是替祖国尽了无上义务。我想可以供你们试验的地方，只怕还在美国而不在中国。中国就令不遭遇这种时局，以现在社会经济状况论，那里会有人拿出钱来做你们理想上的建筑呢？若美国的富豪在乡间起（平房的）别墅，你们若有本事替他做出一两所中国式最美的样子来，以美国人的时髦流行性，或竟可以轰动一时，你们不惟可以解决生活问题，而且可以多得实验机会，令自己将来成一个大专门家，岂不是"一举而数善备"吗？这是我一个人如此胡猜乱想，究竟容易办到与否，我不知那边情形，自然不能轻下判断，不过提出这个意见备你们参考罢了。

我原想你们毕业后回来结婚，过年把再出去。但看此情形（指的是官费满五年的毕业），你们毕业时我是否住在中国还不可知呢！所以现在便先提起这问题，或者今年暑假毕业时便准备试办也可以。

因此，连带想到一个问题，便是你们结婚问题。结婚当然是要回国来才是正办，但在这种乱世，国内不能安居既是实情。你们假使一两年内不能回国，倒是结婚后同居，彼此得个互助才方便，而且生活问题也比较的容易解决。所以，我颇想你们提前办理，但是否可行，全由你们自己定夺。我断不加丝毫干涉。但我认为这问题确有研究价值，请你们仔细商量定，回我话罢。

你们若认为可行，我想林家长亲也没有不愿意的，我便正式请媒人向林家求婚，务求不致失礼，那边事情有姊姊替我主办，和我亲到也差不多。或者我特地来美一趟也可以。

问题就在徽音想见她母亲，这样一来又暂时耽搁下去了。我实在替她难过。但在这种时局之下回国，既有种种困难；好在她母亲身体还康强，便迟三两年见面也还是一样。所以，也不是没有商量的余地。

至于思永呢，情形有点不同。我还相当的主张他回来一年，为的是他要去山西考古。回来确有事业可做，他一个人跑回来，便是要逃难也没有多大累赘。所以回来一趟也好，但回不回仍由他自决，我并没有绝对的主张。

学校讲课上礼拜已完了，但大考在即，看学生成绩非常之忙（今年成绩比去年多，比去年好），我大约还有半个月才能离开学校。暑期住什么地方尚未定。旧病虽不时续发，但比前一个月好些，大概这病总是不要紧的，你们不必忧虑！

爹爹

1927 年 5 月 26 日

"一门三院士，九子皆才俊。"梁启超的九个子女各有所长，人人成才，其中，长子梁思成为建筑学家、次子梁思永为考古学家，五子火箭控制系统专家梁思礼还成了中国科学院院士。

20 世纪二三十年代，梁启超九个子女先后有七个曾到国外读书或工作，这期间，梁启超和子女之间有密切的书信来往。他给孩子们的信有的只有寥寥十几字，仅为报平安或交代家事，有的则长达几千字，或纵论时事，或畅谈家事，又或与子女谈心聊天。而无一例外，每一封信里，都透露着梁启超作为父亲的浓浓爱意，其情之真、其爱之切，若干年之后读来，仍能被其强大的磁力一击命中并被深深吸引。

在家书中，梁启超完全放下家长的架子，把自己和家人置于完全平等的位置，他与孩子们之间除父亲与子女之情外还是知心的朋友。他的家书感情充沛，富有人情味，贯穿他所追求的"爱"和"美"。在教育子女这个重大问题上，梁启超的观点发人深省："我生平最服膺曾文正公两句话：'莫问收获，但问耕耘'。将来成就如何，现在想他则甚？着急他则甚？一面不可骄盈自慢，一面又不可怯懦自馁，尽自己的能力做去，做到哪里是哪里，如此则可以无入而不自得，而于社会亦总有贡献。我一生学问得力专在此一点，我盼望你们都能应用我这点精神。"

梁启超不看重成功，但是看重"成人"，他注重对子女们在人格道德品质方面的培养，要他们热爱生活，保持节俭，并注意择友。他希望思成乐观多趣，他告诫思顺夫妇人生贵在吃苦，他教导思忠不要消磨志气……对于孩子的成长，梁启超没有少操心过。

梁启超还教给子女们学习和做学问的方法，要求他们不仅要注意专精，还要注意广博。梁启超很讲究学以致用，重视培养子女的实践能力。而儿女们的恋爱婚姻，梁启超更是关心。

两代人以书信形式倾诉着彼此的苦和乐、悲和欢，他们互相惦念着、鼓励着。父亲对子女没有任何说教和指责，只有循循善诱，每封信都充满了真挚的爱。这爱变成一种力量，注入了孩子们的生命，对他们未来成才大有助益。这些家书，总字数约占梁启超著述的十分之一，是其孩子成长的重要的精神养料，也给世人留下了安身立命和教育孩子的绝好教材，与曾国藩家书和傅雷家书并称家教典范。

林觉民：与妻书

　　林觉民（1887—1911），中国民主主义革命者，字意洞，号抖飞，又号天外生，福建闽侯（今福州）人。14 岁进福建高等学堂，毕业后留学日本，加入中国同盟会，从事革命活动。1911 年春回国，和族亲林尹民、林文随黄兴、方声洞等革命党人参加广州起义（黄花岗起义），在进攻总督衙门的战斗中受伤被俘。在提督衙门受审时，他慷慨宣传革命道理，最后从容就义，是黄花岗七十二烈士之一。

　　这封信选自《广州三月二十九革命史》，是林觉民在 1911 年广州起义的前三天即 4 月 24 日写给妻子陈意映的。当时，他从广州来到香港，迎接从日本归来参加起义的同志，住在临江边的一幢小楼上。夜阑人静时，想到即将到来的残酷而轰轰烈烈、生死难卜的起义以及龙钟老父、弱妻稚子，他彻夜疾书，分别写下了给父亲和妻子的诀别书。写《与妻书》时，林觉民满怀悲壮，已抱定慷慨赴死的决心，义无反顾。

意映卿卿如晤 ①：

　　吾今以此书与汝永别矣！吾作此书时，尚是世中一人；汝看此书时，吾已成为阴间一鬼。吾作此书，泪珠和笔墨齐下，不能竟书而欲搁笔，又恐汝不察吾衷，谓吾忍舍汝而死，谓吾不知汝之不欲吾死也，故遂忍悲为汝言之。

　　吾至爱汝，即此爱汝一念，使吾勇于就死也。吾自遇汝以来，常愿天下有情人都成眷属；然遍地腥云，满街狼犬，称心快意，几家能彀？司马春衫 ②，吾不能学太上之忘情 ③ 也。语云：仁者"老吾老以及人之老，幼吾幼以及人之幼 ④"。吾充吾爱汝之心，助天下人爱其所爱，所以敢先汝而死，不顾汝也。汝体吾此心，于啼泣之余，亦以天下人为念，当亦乐牺牲吾身与汝身之福利，为天下人谋永福也。汝其勿悲！

　　汝忆否？四五年前某夕，吾尝语曰："与使吾先死也，无宁汝先吾而死 ⑤。"汝初闻言而怒，后经吾婉解，虽不谓吾言为是，而亦无词相答。吾之意，盖谓以汝之弱，必不能禁失吾之悲；吾先死留苦与汝，吾心不忍，故宁请汝先死，吾担悲也。嗟夫！谁知吾卒先汝而死乎？

林觉民：与妻书

吾真真不能忘汝也！回忆后街之屋，入门穿廊，过前后厅，又三四折，有小厅，厅旁一室，为吾与汝双栖之所。初婚三四个月，适冬之望日前后，窗外疏梅筛月影，依稀掩映，吾与汝并肩携手，低低切切，何事不语？何情不诉？及今思之，空余泪痕。又回忆六七年前，吾之逃家复归也，汝泣告我："望今后有远行，必以告妾，妾愿随君行。"吾亦既许汝矣。前十余日回家，即欲乘便以此行之事语汝，及与汝相对，又不能启口，且以汝之有身也，更恐不胜悲，故惟日日呼酒买醉。嗟夫！当时余心之悲，盖不能以寸管⑥形容之。

…………

吾平生未尝以吾所志语汝，是吾不是处；然语之，又恐汝日日为吾担忧。吾牺牲百死而不辞，而使汝担忧，的的非吾所忍。吾爱汝至，所以为汝谋者惟恐未尽。汝幸而偶我，又何不幸而生今日之中国！吾幸而得汝，又何不幸而生今日之中国！卒不忍独善其身。嗟夫！巾短情长，所未尽者，尚有万千，汝可以模拟⑦得之。吾今不能见汝矣！汝不能舍吾，其时时于梦中得我乎？一恸⑧！辛未三月念⑨六夜四鼓，意洞手书。

家中诸母⑩皆通文，有不解处，望请其指教，当尽吾意为幸。

注释

① 意映：作者之妻名陈意映。卿卿：旧时丈夫对妻子的昵称。如晤：旧时书信惯用语，见面的意思。

② 司马春衫：语出唐代诗人白居易《琵琶行》："座中泣下谁最多，江州司马青衫湿。"喻极度悲伤之情。

③ 太上之忘情：圣人忘情，语出《世说新语·伤逝》："圣人忘情。最下不及情，情之所钟，正在我辈。"

④ "老吾老"二句：喻把爱父母、子女之心扩大到爱天下人。语出《孟子·梁惠王上》。

⑤ "与使吾先死"二句：与其让我先死，不如你比我先死。

⑥ 寸管：毛笔。

⑦ 模拟：推想。

⑧ 恸：痛苦。

⑨ 念：同"廿"，二十。

⑩ 诸母：叔伯母。

 感悟

《与妻书》之所以感人，就在于它情真意切，字字泣血，到处都是浓得化不开的真情，缠绵悱恻而又充满激情，充满凛然正气。为国捐躯的激情与对爱妻的深情两相交融、相互辉映，叫人断肠落泪，而又撼人魂魄、令人感奋。虽然已时隔百年，但文章的魅力依然存在，林觉民对爱妻的那份真情，那种"以天下人为念"、舍生取义的革命者的气度风范，依然令人动容。

陶行知：连环教学法

陶行知（1891—1946），安徽歙县人，毕业于金陵大学（1952年并入南京大学）文学系，中国人民教育家、思想家，伟大的民主主义战士，爱国者，中国人民救国会和中国民主同盟的主要领导人之一。陶行知曾任南京高等师范学校教务主任，中华教育改进社总干事，先后创办晓庄试验乡村师范、生活教育社、山海工学团、育才学校和社会大学，提出了"生活即教育""社会即学校""教学做合一"三大主张，生活教育理论是陶行知教育思想的理论核心。其著作有《中国教育改造》《古庙敲钟录》《斋夫自由谈》《行知书信集》《行知诗歌集》。

创作背景

这是陶行知于1923年10月8日写给儿子桃红（又称陶宏）和小桃（即陶晓光）的信。在信中，陶行知对两个儿子提出表扬，因哥哥教弟弟读《千字课》发现了连环教学法，从中看出陶行知把全身心都投入了教育，为了教育事业呕心沥血。

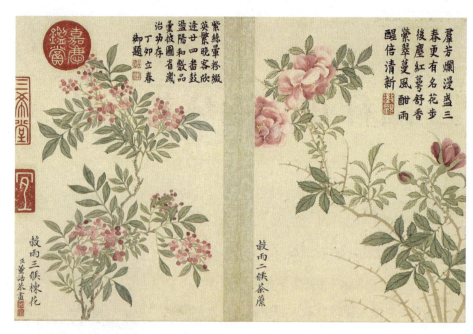

桃红、小桃：

你两个人很有功劳。我看见你们两个人，哥哥教弟弟读《千字课》，就发现了一个好法子，叫做连环教学法。这个法子是用家里识字的人教不识字的人：我教你，你教他，他又教他。一家当中，先生教师母，师母教小姐，小姐教老妈子，每人花不了多少工夫就可以使全家读书明理了。我在南京试验这个法子很有效验，特为写这封信来感谢你两个人。我在南京平安快乐，请你们禀告老太太、你们的母亲和阿姑知道。

爸爸

十月八日

感悟

　　陶行知的教育活动是在民族危亡、国难当头的社会环境中进行的。因此，他的教育实践是与民主爱国的活动相伴而行的。早年他曾投身于辛亥革命，"九一八"事变、"一·二八"事变后，他积极从事抗日救亡运动，参与发起上海文化界救国会，组织国难教育社等。

　　陶行知最早注意到乡村教育问题，先后创办晓庄试验乡村师范、生活教育社、山海工学团、育才学校和社会大学。他一生办过许多类型的学校，这些学校为社会培养了大批有用人才，还输送了不少革命青年到延安和大别山抗日根据地参加革命。

　　陶行知宣传生活教育，提倡"教学做合一"及小先生制，要求教育与实际结合，为人民大众服务。

品尊魏紫亚姚
黄縠雨舒范殿
众芳四照玉堂
春富贵一枝独
冠百花王

縠雨一侯
牡丹

赵一曼：用实行来教育

赵一曼（1905—1936），原名李坤泰，四川宜宾县（今四川省宜宾市）人。1926 年，赵一曼加入中国共产党，在上海、江西等地做秘密工作。1927 年秋去苏联莫斯科中山大学学习，1928 年冬回国。"九一八"事变后，党派她到东北工作。1935 年，赵一曼任东北人民革命军第三军二团政委。同年 11 月在与日军作战中负伤，不幸被捕。1936 年 8 月 2 日英勇就义，时年 31 岁。

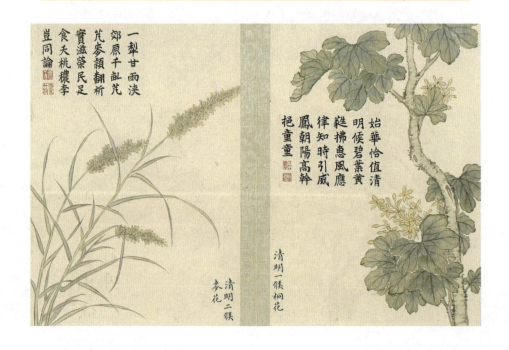

创作背景

　　这封遗书是 1936 年 8 月 2 日赵一曼被押赴刑场的途中，在囚车中写下的。赵一曼牺牲之前，最想念的是儿子陈掖贤。

　　赵一曼临产的时候，她正在宜昌做地下工作，把孩子生在一个陌生的好心的妇女的半间砖房中，取名"宁儿"。为躲避警察抓捕，她抱着出生十几天的婴儿，一路讨饭潜入上海，先到江西省委机关，后回上海中央机关工作。"九一八"事变后，赵一曼主动要求到东北沦陷区工作。这时她巧遇丈夫的妹妹陈琮英（任弼时夫人），两人同到汉口，赵一曼硬是把哭喊不止的一岁儿子送给丈夫的堂兄陈岳云做养子。

　　母子分手前，赵一曼到照相馆照了一张母子合照，一张留给儿子的养父，一张寄给身在异国的丈夫。当时赵一曼的中学同学郑双碧的妹妹郑易南也在上海，她将合照也寄给郑易南，请她想办法将照片转交给自己的二姐李坤杰，并说如果她到前线回不来了，就用此照片去联络丈夫陈达邦和宁儿。

　　赵一曼被捕后，日寇对赵一曼进行了惨无人道的严刑拷问和人格污辱。护士韩勇义、看守董宪勋感于她的民族正义和英雄气概，决定营救她，但在即将到达抗日根据地时又被追捕回来。

　　日寇把赵一曼押回珠河（今黑龙江省尚志县）。在车上，赵一曼知道自己的最后时刻到了，给儿子写下了这封催人泪下的遗书。

　　到达珠河县城后，日寇把赵一曼绑在马车上游街。她撑起身子高唱《红旗歌》，向目送她的同胞告别，在珠河小北门英勇就义，年仅 31 岁。

宁儿：

母亲对于你没有能尽到教育的责任，实在是遗憾的事情。

母亲因为坚决地做了反满抗日的斗争，今天已经到了牺牲的前夕了。

母亲和你在生前是永久没有再见的机会了。希望你，宁儿啊！赶快成人，来安慰你地下的母亲！我最亲爱的孩子啊！母亲不用千言万语来教育你，就用实行来教育你。

在你长大成人之后，希望不要忘记你的母亲是为国而牺牲的！

一九三六年八月二日

你的母亲

赵一曼于车中

赵一曼的家书荡气回肠，感人至深。她对信仰和信念的笃定和执着，报国为民的赤子之心，不怕牺牲的大无畏精神，以及这份大爱，这份深厚的爱国情怀激励着一代代青年人奋进。

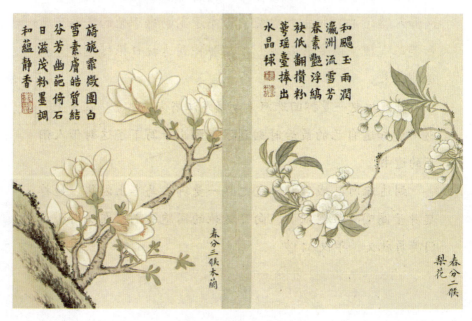

徐特立：择前进的分子

徐特立（1877—1968），原名懋恂，字师陶，中国革命家和教育家，湖南善化（今长沙县江背镇）人。徐特立于1911年参加辛亥革命，1927年加入中国共产党，同年8月参加南昌起义，1931年11月当选为中华苏维埃共和国中央执行委员会委员，1934年参加长征。此后，徐特立担任

过中华苏维埃共和国临时中央政府教育部代部长、中共中央宣传部副部长、全国人大常委会委员等职。1968年11月28日在北京病逝。著有《徐特立文集》《徐特立教育文集》等。

创作背景

这是徐特立1939年，也就是儿子徐厚本逝世一年多的时候写给儿媳刘萃英的家书。在信中，徐特立教育刘萃英要正确地对待婚姻和学习的问题，希望她再婚和求学，表现了一个革命长辈的豁达精神。

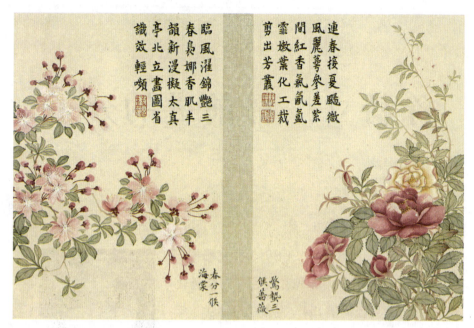

萃英① 吾媳：

我快离湖南，你的问题望你最后决定，决定后我好准备怎样帮助你。

目前你总是动摇不定，这很危险。你应该下一个最后的决心，或者结婚，或者不再结婚，及找什么对象结婚，需要一刀两断。你的年龄还轻结婚是应该的，但是不过五六年转眼三十岁了，因此不能不决定。

主要的不是择财产，不是择地位，是择前进的分子，有希望的人，年龄相差不远，性情相当的厚道，不致轻于弃妻，这就是足够的条件。你要知道，你择人，人也择你，结果还是女子受损失。

你的求学问题与婚姻问题有密切关系，如果准备终身不结婚，那么，就需要学一项专门职业；如果准备结婚，那么就不能不与夫同居就近学习。

你虽然不是我的儿女，但你却是我家的母亲，你有玉儿② 在此，永远与我们是骨肉关系。并且你比陌青③ 更为可怜，夫死再婚比陌青的婚姻问题更不易满意。因此，我更关心你的问题。你是否回桂林，如回桂林我与你面谈，如不回桂林，你把你的要求告诉自申④同志。

特立

十一月十日

注释

① 萃英：即刘萃英，徐特立的儿媳，后改名徐乾。

② 玉儿：指刘萃英和徐厚本的女儿徐玉，后改名徐禹强。

③ 陌青：指徐陌青，徐特立的女儿。

④ 自申：指王自申，当时在八路军桂林办事处工作。

感悟

刘萃英于1931年和徐厚本结婚。1938年春，夫妇双双赴延安，入陕北公学短期训练班学习，毕业后又回湖南工作。不料此年夏天，徐厚本不幸病故，留下女儿徐玉。这对年轻的刘萃英来说，无疑是一

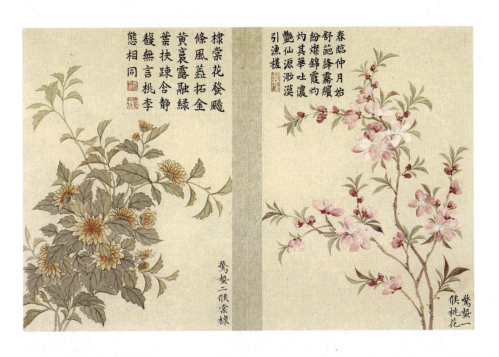

个巨大的打击。对于这位不幸的儿媳，徐特立倾注了极大的爱心，视她为自己的亲生女儿，并为其改名为徐乾。在改名的题词中，徐特立写道："乾儿原名萃英，系华而不实的女性名。她却外柔内刚，颇有独立性。我以为她有其祖父的倔强性。希望她发扬这一倔强性，因而字之为乾。"

　　徐特立是著名的教育家。他多次写信给刘萃英，从思想上、生活上、学习上关心她的成长，教育并引导她走向革命道路，使其再一次赴延安参加革命，从一个普通的家庭妇女，逐渐成长为一名共产党员。

黄显声：好好做事

黄显声（1896—1949），辽宁岫岩人。著名的爱国将领。曾任东北军骑兵二师师长、53军副军长。全面抗战爆发后，响应中国共产党的号召，准备到华北打游击，未及成行，就于1938年在武汉被国民党逮捕，先后囚于武汉稽查处、湖南益阳、贵州息烽监狱和重庆白公馆监狱达11年。

1949年11月27日就义于步云桥，时年53岁。

这封信写于1940年6月22日贵州息烽监狱，是黄显声写给儿子的。

1936年12月12日，西安事变爆发。黄显声马上表示拥护，支持张学良、杨虎城"迫蒋抗日"的军事行动。张学良送蒋介石到南京后被囚禁，黄显声等人为营救张学良而奔走呼号，但毫无结果。经周恩来介绍，黄显声准备以中共特别党员的身份到延安组建新东北军，不幸被国民党方面扣押，从此开始了11年的拘禁生活。

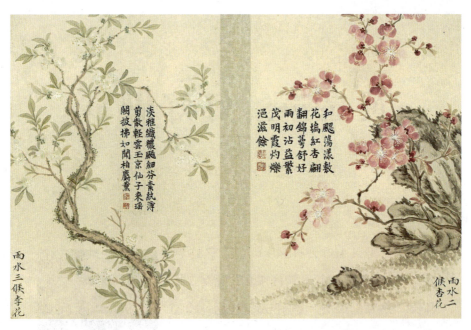

华儿如晤：

六月十八日信已收阅，家中情形早在我想相（象）中，有那一群混蛋在侧，那（哪）会有好事作出！你既自己能出去独立做事，就狠（很）好，家中仅（尽）他们搞去把（吧），这种年头财产是无所谓的，我要能出去，剩下来的你也不会没份。至于你的生身母，她是自作自受，也是我一生最痛心的一件事情。

至于你在那，当好好做事，安分守己。钱不足用时，就来信，我好叫家中寄给你。我那些旧同仁，你当以长辈对他们。他们不会对你错的，并且你代我问候他们，说我在这尚好。我现在虽然坐牢，并未犯法，是为团体，为国家，为义气而坐牢，问心不愧。将来生死存亡在所不计！

何司令那，因为他这样关照你，我另有信向他致谢。

此问

近祺

父启

六、廿二

感悟

在被扣押的11年时间里，黄显声从不屈服，坦然自若。这从他给儿子的信中可以看出来，"我现在虽然坐牢，并未犯法，是为团体、为国家、为义气而坐牢，问心不愧。将来生死存亡在所不计。"

特务机关曾多次审讯他，企图从他身上多找些材料，但都被他严词驳斥。他先后被关押在武汉稽查处、湖南益阳、贵州息烽，最后被押送到重庆中美合作所白公馆看守所监禁，他在肉体和精神上都受到了极大摧残。但他宁死不屈，经常对狱中难友说："咱们要虎入笼中威不倒。"在狱中，他曾让人抄写爱国诗人陆游的几十首诗词，将其作为精神寄托。当他读到"夜视太白收光芒，报国欲死无战场"时，竟悲愤得放声大哭。他沉痛地说："我们现在和南宋一样，是秦桧当权，岳飞被杀。"

抗战期间，共产党曾多次组织营救黄显声，但都没有成功。他多次被秘密转移，外界对他知道得极少。他的旧部下也曾要救他逃出去，但遭到拒绝，他说："我是被暗中抓来的，是无罪的，是蒋介石他们卑鄙所致，要光明正大地出去。"1949年11月，重庆解放前夕，黄显声在步云桥被特务暗杀。

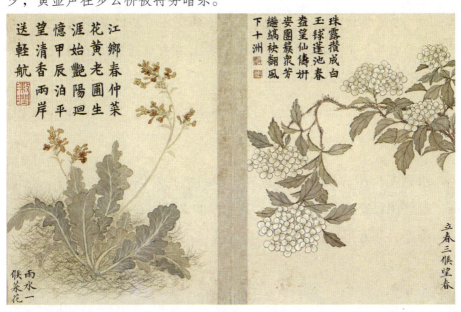

骆何民：不要妥协

人物名片

骆何民（1914—1948），又名骆仲达，化名钟尚文，江苏江都人。1927 年加入中国共产主义青年团，后转为中国共产党党员。抗日战争时期，担任湖南《国民日报》编辑和衡阳《开明日报》总编辑。1946 年在上海从事《文萃》的印刷出版工作。1947 年被捕，1948 年 12 月被国民党反动派杀害于雨花台，时年 34 岁。

创作背景

这是骆何民在就义前写给妻子的遗书。当时骆何民是印刷《文萃》（中国共产党领导下在上海出版的政治性周刊）的印刷厂负责人。

枚华：

永别了！望你不要为我悲哀，多回忆我对你不好的地方。忘记我。好好照料安安，叫她不要和我所恨的人妥协。

母亲、开万报兄处不另！

仲达留

卅七、十二、廿七

感悟

　　1945 年，骆何民到上海与《文萃》负责人黎澍和陈子涛来往。在新闻实践中，他认识到印刷是整个工作的重要环节，于是搞起了印刷厂。1947 年，他在亲友的资助下，开设了友益印刷厂，自任协理，负责接印件。7 月中旬，骆何民被国民党逮捕，这是他第七次被捕入狱。在监狱，他受尽酷刑，但毫不屈服。他把监狱当作学校，对难友进行气节教育。"受点刑没有什么关系。"同时运用多次被关押的经验，组织难友同敌人展开斗争。1948 年 12 月 27 日，骆何民被活埋于南京雨花台。

傅雷家书

傅雷（1908—1966），中国著名翻译家、作家、教育家，美术评论家。江苏省南汇县（今上海市浦东新区）人。族中长者因其出生时哭声震天，据《孟子》"文王一怒而安天下之民"而取名"怒安"。后因大发雷霆称为怒，又取名"雷"。 傅雷四岁丧父。母亲将慈母严父的角色一人担当，将其培养成才。1927年底，傅雷赴法国留学。1931年回国，受聘于上海美术专科学校。1932年，傅雷与相恋多年的朱梅馥成婚。从此相濡以沫，共历三十四载。其有两子傅聪、傅敏，傅聪为钢琴家，傅敏为英语教师。傅雷译有巴尔扎克长篇小说十四部，罗曼·罗兰传记文学《贝多芬传》等三部和长篇小说《约翰·克利斯朵夫》《嘉尔曼》《艺术哲学》等，并著有《贝多芬的作品及其精神》《傅雷家书》等。

创作背景

《傅雷家书》收录的是傅雷夫妇 1954—1966 年写给儿子傅聪的家书，最早出版于 1981 年。

傅聪于 1954 年赴波兰留学，1966 年傅雷夫妇双双离世。12 年间，傅雷夫妇和傅聪通信数百封，贯穿着傅聪出国学习、演奏成名到结婚生子的成长经历，也映照着傅雷的翻译事业、朋友交往以及傅雷一家的命运起伏。

孩子，我虐待了你

……① 真的，孩子，你这一次真是"一天到晚堆着笑脸"，教人怎么舍得！老想到五三年正月的事②，我良心上的责备简直消释不了。孩子，我虐待了你，我永远对不起你，我永远补赎不了这种罪过！这些念头整整一天没离开过我的头脑，只是不敢向妈妈说。人生做错了一件事，良心就永久不得安宁！真的，巴尔扎克说得好：有些罪过只能补赎，不能洗刷！

一九五四年一月十八日

注释

① "……"，这种符号为编者加，表示当前位置有编者省略的内容。为避免冗余，每封家书开头与结尾部分如果有整段内容省略时不加该符号。

② 一九五三年正月，就贝多芬小提琴奏鸣曲哪一首更重要的问题，傅聪与父亲傅雷发生了激烈的争论。父子二人各持己见，争执不下。在父亲勃然大怒的情况下，倔强的傅聪毅然离家出走。后因傅雷姑父去世，傅雷觉得人生短暂，备感亲情的可贵，父子之间不能太认真，于是让傅敏陪同母亲接傅聪回家，双方才和解。

感 悟

两个"永远"的接连使用，表现了身为父亲的傅雷的自责和愧疚，同时，一个勇于向孩子承认错误的父亲的高大形象也跃然纸上。试问，现在的父母是否也像傅雷一样肯向孩子承认错误呢？傅雷的这种做法给当下的父母与孩子如何相处一些启示。一位深受中国传统文化影响的父亲对儿子说出这样真诚的话，难能可贵！

我为了你而感到骄傲

……昨晚七时一刻至八时五十分电台广播你在"市三"①弹的四曲 Chopin［萧邦］②，外加 encore［加奏］的一支 *Polonaise*［《波洛奈兹》］，效果甚好，就是低音部分模糊得很；琴声太扬，像我第一天晚上到小礼堂空屋子里去听的情形。以演奏而论，我觉得大体很好，一气呵成，精神饱满，细腻的地方非常细腻，tone colour［音色］变化的确很多。我们听了都很高兴，很感动。好孩子，我真该夸奖你几句才好。回想五一年四月刚从昆明回沪的时期，你真是从低洼中到了半山腰了。希望你从此注意整个的修养，将来一定能攀登峰顶。从你的录音中清清楚楚感觉到你一切都成熟多了，尤其是我盼望了多少年的——你的意志，终于抬头了。我真高兴，这一点我看得比什么都重。你能掌握整

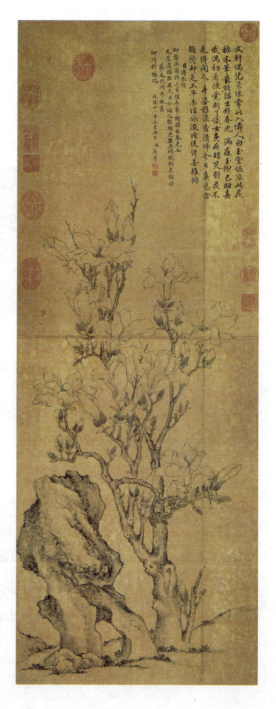

个的乐曲，就是对艺术加增深度，也就是你的艺术灵魂更坚强更广阔，也就是你整个的人格和心胸扩大了。孩子，我要重复 Bronstein［勃隆斯丹］信中的一句话，就是我为了你而感到骄傲！

今天是除夕了，想到你在远方用功，努力，我心里说不尽的欢喜。别了，孩子，我在心里拥抱你！

一九五四年二月二日（除夕）

注释

① 傅聪赴京准备出国前，上海音乐家协会在上海原市立第三女子中学为他举办了告别音乐会。

② 家书中出现的圆括号"（　）"中的内容（除省略号部分），都是作者信中原有的解释和说明。而方括号中的内容，是编者为方便读者阅读所加。请注意区分。

感悟

这是傅雷听过傅聪的录音后写给傅聪的家书。这里面包括了傅雷对录音精细地分析、客观地赞赏以及对儿子的殷切希望。这封家书展现了傅雷教育孩子的方法。家长在评价孩子的时候，既要体现出自己对孩子的肯定，让其有努力拼搏的决心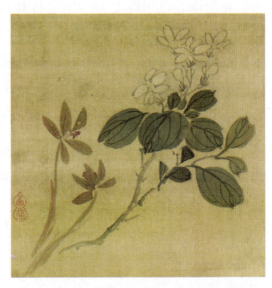以及会成功的信心，又要提出自己的希望，给孩子指明前进的路线和发展的方向。同时，作为子女的一方，也应在父母指引的道路上，吸取父母的经验，取长补短，开拓自己的新道路。

学问第一，艺术第一，真理第一，爱情第二

在公共团体中，赶任务而妨碍正常学习是免不了的，这一点我早料到。一切只有你自己用坚定的意志和立场，向领导婉转而有力的去争取。否则出国的准备又能做到多少呢？特别是乐理方面，我一直放心不下。从今以后，处处都要靠你个人的毅力、信念与意志——实践的意志。……

另外一点我可以告诉你：就是我一生任何时期，闹恋爱最热烈的时候，也没有忘却对学问的忠诚。学问第一，艺术第一，真理第一，爱情第二，这是我至此为止没有变过的原则。你的情形与我不同：少年得志，更要想到"盛名之下，其实难副"，更要战战兢兢，不负国人对你的期望。你对政府的感激，只有用行动来表现才算是真正的感激！我想你心目中的上帝一定也是 Bach［巴赫］、Beethoven［贝多芬］、Chopin［萧邦］等等第一，爱人第二。既然如此，你目前所能支配的精力与时间，只能贡献给你第一个偶像，还轮不到第二个神明。你说是不是？可惜你没有早学好写作的技术，否则过剩的感情就可用写作（乐曲）来发泄，一个艺术家必须能把自己的感情"升华"，才能于人有益。我绝不是看了来信，夸张你的苦闷，因而着急；但我知道你多少是有苦闷的，我随便和你谈谈，也许能帮助你廓清一些心情。

一九五四年三月二十四日上午

千叮咛万嘱咐，父母心放不下。儿子面对社会的千变万化该如何

应对，父母为此忧心忡忡、日夜劳神。用自己的经验，提醒儿子少走弯路，多走捷径，这是天下父母共同的想法。孩子是父母生命的延续，是父母心中的希望。父母走过弯路，不希望孩子重蹈覆辙，希望他们能比自己"更上

一层楼"，青出于蓝而胜于蓝。青春期的孩子，要尽量理解父母的这番苦心。

多用理智，少用感情

……望你把全部精力放在研究学问上，多用理智，少用感情，当然，那是要靠你坚强的信心，克制一切的烦恼，不是件容易的事，但是非克服不可。对于你的感情问题，我向来不参加任何意见，觉得你各方面都在进步，你是聪明人，自会觉悟的。我既是你妈妈，我们是休戚相关的骨肉，不得不要唠叨几句，加以规劝。

回想我跟你爸爸结婚以来，二十余年感情始终如一，我十四岁上，你爸爸就爱上了我（他跟你一样早熟），十五岁就订婚，当年冬天爸爸就出国了。在他出国的四年中，虽然不免也有波动，可是他主意老，觉悟得快，所以回国后就结婚。婚后因为他脾气急躁，大大小小的折磨总是难免的，不过我们感情还是那么融洽，那么牢固，到现在年龄大了，火气也退了，爸爸对我更体贴了，更爱护我了。我虽不

智，天性懦弱，可是靠了我的耐性，对他无形中或大或小多少有些帮助，这是我觉得可以骄傲的，可以安慰的。我们现在真是终身伴侣，缺一不可的。现在你也长大成人，父母对儿女的终身问题，也常在心中牵挂，不过你年纪还轻，不要操之过急。……

一九五四年七月十五日①

注释

①此信系傅雷夫人朱梅馥所写。朱梅馥性格温柔，文静随和，贤淑豁达。杨绛称其集温柔的妻子、慈爱的母亲、沙龙里的漂亮夫人、能干的主妇于一身。

感 悟

这是朱梅馥写给傅聪的一封家书。要说还是母亲的心思细腻，父亲对儿子的前途用心良苦，而母亲从最细微的地方——儿子的感情问题着手，对儿子疏导和指引，告诉他如何协调感情和事业的关系，让儿子明白哪些事是重要的。

敢于正视现实，正视错误

聪，亲爱的孩子：

收到九月二十二日晚发的第六信，很高兴。我们并没为你前信感到什么烦恼或是不安。我在第八信中还对你预告，这种精神消沉的情形，以后还是会有的。我是过来人，决不至于大惊小怪。你也不必为此担心，更不必硬压在肚里不告诉我们。心中的苦闷不在家信中发泄，又哪里去发泄呢？孩子不向父母诉苦向谁诉呢？我们不来安慰你，又该谁来安慰你呢？人一辈子都在高潮低潮中浮沉，唯有庸碌的人，生活才如死水一般；或者要有极高的修养，方能廓然无累，真正的解脱。只要高潮不过分使你紧张，低潮不过分使你颓废，就好了。太阳太强烈，会把五谷晒焦；雨水太猛，也会淹死庄稼。我们只求心理相当平衡，不至于受伤而已。你也不是栽了筋斗爬不起来的人。我预料国外这几年，对你整个的人也有很大的帮助。这次来信所说的痛苦，我都理会得；我很同情，我愿意尽量安慰你、鼓励你。克利斯朵夫 ① 不是经过多少回这种

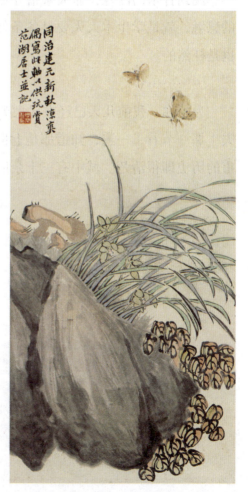

情形吗？他不是一切艺术家的缩影与结晶吗？慢慢的你会养成另外一种心情对付过去的事：就是能够想到而不再惊心动魄，能够从客观的立场分析前因后果，做将来的借鉴，以免重蹈覆辙。一个人唯有敢于正视现实，正视错误，用理智分析，彻底感悟，终不至于被回忆侵蚀。我相信你逐渐会学会这一套，越来越坚强的。我以前在信中和你提过感情的 ruin〔创伤，覆灭〕，就是要你把这些事当做心灵的灰烬看，看的时候当然不免感触万端，但不要刻骨铭心的伤害自己，而要像对着古战场一般的存着凭吊的心怀。倘若你认为这些话是对的，对你有些启发作用，那么将来在遇到因回忆而痛苦的时候（那一定免不了会再来的），拿出这封信来重读几遍。

说到音乐的内容，非大家指导见不到高天厚地的话，我也有另外的感触，就是学生本人先要具备条件：心中没有的人，再经名师指点也是枉然的。

⋯⋯⋯⋯⋯

为了你，我前几天已经在《大英百科辞典》上找 Krakow〔克拉可夫〕那一节看了一遍，知道那是七世纪就有的城市，从十世纪起，城市的历史即很清楚。城中有三十余所教堂。希望你买一些明信片，并

成一包，当印刷品（不必航空）寄来，让大家看看喜欢一下。

一九五四年十月二日

① 克利斯朵夫：傅雷翻译的罗曼·罗兰长篇小说《约翰·克利斯朵夫》中的主人公。

感　悟

现实不能逃避，错误必须正视！冷静地分析事情的前因后果，吸取教训，引以为戒，那样就能够无坚不摧，就可以不怕挫折，不怕打击，甚至是不怕孤独，人也就变得坚强了。

"太阳太强烈，会把五谷晒焦；雨水太猛，也会淹死庄稼。我们只求心理相当平衡，不至于受伤而已。"这句话通过比喻的手法，形象地说明了控制情绪的重要性。

"我以前在信中和你提过感情的 ruin［创伤，覆灭］"一句意在说明控制情绪的必要性。对于感情的创伤要当作心灵的灰烬来看，就像对着古战场一样存着凭吊的心怀。

傅雷用各种事例希望儿子能够正确对待情绪上的消沉和低落，学会用达观的态度来面对问题，保持心态平衡，进而冷静、客观地分析事理，正视现实，吸取前车之鉴，做好后面的事。

不怕失败，不怕挫折，不怕打击

（……）早预算新年中必可接到你的信，我们都当作等待什么礼物一般的等着。果然昨天早上收到你（波10）来信，而且是多少可喜的消息。孩子！要是我们在会场上，一定会禁不住涕泗横流的。世界上最高的最纯洁的欢乐，莫过于欣赏艺术，更莫过于欣赏自己的孩子的手和心传达出来的艺术！其次，我们也因为你替祖国增光而快乐！更因为你能借音乐而使多少人欢笑而快乐！想到你将来一定有更大的成就，没有止境的进步，为更多的人更广大的群众服务，鼓舞他们的心情，抚慰他们的创痛，我们真是心都要跳出来了！能够把不朽的大师的不朽的作品发扬光大，传布到地球上每一个角落去，真是多神圣、多光荣的使命！孩子，你太幸福了，天待你太厚了。我更高兴的更安慰的是：多少过分的谀词与夸奖，都没有使你丧失自知之明，众人的掌声、拥抱，名流的赞美，都没有减少你对艺术的谦卑！总算我的教育没有白费，你二十年的折磨没有白受！你能坚强（不为胜利冲昏了头脑是坚强的最好的证据），只要你能坚强，我就一辈子放了心！成就的大小、高低，是不在我们掌握之内的，一半靠人力，一半靠天赋，但只要坚强，就不怕失败，不怕挫折，不怕打击——不管是人事上的，生活上的，技术上的，学习上的——打击；从此以后你可以孤军奋斗了。何况事实上有多少良师益友在周围帮助你，扶掖你。还加上古今的名著，时时刻刻给你精神上的养料！孩子，从今以后，你永远不会孤独的了，即使孤独也不怕的了！

赤子之心这句话，我也一直记住的。赤子便是不知道孤独的。赤子孤独了，会创造一个世界，创造许多心灵的朋友！永远保持赤子之心，到老也不会落伍，永远能够与普天下的赤子之心相接相契相抱！你那位朋友说得不错，艺术表现的动人，一定是从心灵的纯洁来的！不是纯洁到像明镜一般，怎能体会到前人的心灵？怎能打动听众的心灵？

…………

音乐院院长说你的演奏像流水、像河；更令我想到克利斯朵夫的象征。天舅舅说你小时候常以克利斯朵夫自命；而你的个性居然和罗曼·罗兰的理想有些相像了。河，莱茵，江声浩荡……钟声复起，天已黎明……中国正到了"复旦"的黎明时期，但愿你做中国的——新中国的——钟声，响遍世界，响遍每个人的心！滔滔不竭的流水，流到每个人的心坎里去，把大家都带着，跟你一块到无边无岸的音响的海洋中去吧！名闻世界的扬子江与黄河，比莱茵的气势还要大呢！……黄河之水天上来，奔流到海不复回！……无边落木萧萧下，不尽长江滚滚来！……有这种诗人灵魂的传统的民族，应该有气吞牛斗的表现才对。

你说常在矛盾与快乐之中，但我相信艺术家没有矛盾不会进步，不会演变，不会深入。有矛盾正是生机蓬勃的明证。眼前你感到的还不过是技巧与理想的矛盾，将来你还有反复不已更大的矛盾呢：形式与内容的枘凿，自己内心的许许多多不可预料的矛盾，都在前途等着你。别担心，解决一个矛盾，便是前进一步！矛盾是解决不完的，所以艺术没有止境，没有 perfect〔完美，十全十美〕的一天，人生也没有 perfect 的一天！唯其如此，才需要我们日以继夜，终生的追求、苦练；要不然大家做了羲皇上人，垂手而天下治，做人也太腻了！

一九五五年一月二十六日

"早预算新年中必可接到你的信，我们都当作等待什么礼物一般的等着。"一句中的计算时间、等待书信的细节充满了生活的情味。寥寥数笔就体现出父亲对儿子深深的牵挂。

"多少过分的谀词与夸奖，都没有使你丧失自知之明"一句，傅雷称赞儿子在成功面前没有昏头、没有因为赞美而骄傲，在荣誉面前保持了冷静的态度。

"能够把不朽的大师的不朽的作品发扬光大"一句，巧妙暗示出儿子所从事的艺术事业的伟大。"多神圣，多光荣的使命"毫不矜持地表达出父亲对儿子所从事的事业的理解和支持，当儿子所取得成就时的喜悦和赞美。

而"你说常在矛盾与快乐之中"一句，则是父亲跟儿子说明生活中有矛盾正是生机蓬勃的明证。我们也应该不惧矛盾，勇敢面对，并在解决矛盾的过程中趋向完美。

在儿子取得了巨大成功、被鲜花和掌声簇拥的时候，傅雷提醒他要保持谦卑，不惧孤独，勇于攀登艺术的至境。同时也勉励儿子做一个坚强的人，即使遭受矛盾和孤独，也要保持对艺术的不懈追求以及对生活的赤子之心。

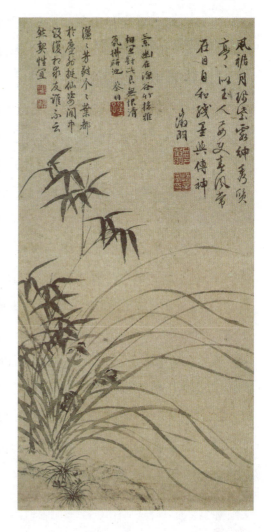

人总得常常强迫自己

亲爱的孩子：

今年暑天，因为身体不好而停工，顺便看了不少理论书；这一回替你买理论书，我也买了许多，这几天已陆续看了三本小册子：关于辩证唯物主义的一些基本知识，批评与自我批评是苏维埃社会发展的动力，社会主义基本经济规律。感想很多，预备跟你随便谈谈。

第一个最重要的感想是：理论与实践绝对不可分离。学习必须与现实生活结合；马列主义不是抽象的哲学，而是极现实极具体的哲学；它不但是社会革命的指导理论，同时亦是人生哲学的基础。解放六年来的社会，固然有极大的进步，但还存在着不少缺点，特别在各级干部的办事方面。我常常有这个印象，就是一般人的政治学习，完全是为学习而学习，不是为了生活而学习，不是为了应付实际斗争而学习。所以谈起理论来头头是道，什么唯物主义，什么辩证法，什么批评与自我批评等等，都能长篇大论发挥一大套；一遇到实际事情，一坐到办公桌前面，或是到了工厂里，农村里，就把一切理论忘得干干净净。学校里亦然如此；据在大学里念书的人告诉我，他们的政治讨论非常热烈，有些同学提问题提得极好，也能作出很精辟的结论；但他们对付同学，对付师长，对付学校的领导，仍是顾虑重重，一派的世故，一派的自私自利。这种学习态度，我觉得根本就是反马列主义的；为什么把最实际的科学——唯物辩证法，当作标榜的门面话和口头禅呢？为什么不能把嘴上说得天花乱坠的道理化到自己身上去，贯彻到自己的行为中、作风中去呢？

因此我的第二个感想以及以下的许多感想，都是想把马列主义的理论结合到个人修养上来。首先是马克思主义的世界观，应该使我们有极大的、百折不回的积极性与乐天精神。比如说："存在决定意识，但并不是说意识便成为可有可无的了。恰恰相反，一定的思想意识，对客观事物的发展会起很大的作用。"换句话说，就是"主观能动作用"。这便是鼓励我们对样样事情有信心的话，也就是中国人的"人定胜天"的意思。既然客观的自然规律，社会的发展规律，都可能受到人的意识的影响，为什么我们要灰心，要气馁呢？不是一切都是"事在人为"吗？一个人发觉自己有缺点，分析之下，可以归纳到遗传的根性，过去旧社会遗留下来的坏影响，潜伏在心底里的资产阶级意识、阶级本能等等；但我们因此就可以听任自己这样下去吗，若果如此，这个人不是机械唯物论者，便是个自甘堕落的没出息的东西。

第三个感想也是属于加强人的积极性的。一切事物的发展，包括自然现象在内，都是由于内在的矛盾，由于旧的腐朽的东西与新的健全的东西作斗争。这个理论可以帮助我们摆脱许多不必要的烦恼，特别是留恋过去的烦恼，与追悔以往的错误的烦恼。陶渊明就说过："觉今是而昨非"，还有一句老话，叫作："过去种种譬如昨日死，现在种种譬如今日生。"对于个人的私事与感情的波动来说，都是相近似的教训。既然一切都在变，不变就是停顿，停顿就是死亡，那么为什么老是恋念过去，自伤不已，把好好的眼前的光阴也毒害了呢？认识到世界是不断变化的，就该体会到人生亦是不断变化的，就该懂得生活应该是向前看，而不是往后看。这样，你的心胸不是廓然了吗？思想不是明朗了吗？态度不是积极了吗？

第四个感想是单纯的乐观是有害的，一味的向前看也是有危险的。古人说"鉴往而知来"，便是教我们检查过去，为的是要以后生活得更好。否则为什么大家要作小结，作总结，左一个检查，右一个检查呢？假如不需要检讨过去，就能从今以后不重犯过去的错误，那么"我们的理性认识，通过实践加以检验与发展"这样的原则，还有什么意思？把理论到实践中去对证，去检视，再把实践提到理性认识上来与理论复核，这不就是需要分析过去吗？我前二信中提到一个人对以往的错误要作冷静的、客观的解剖，归纳出几个原则来，也就是这个道理。

第五个感想是"从感性认识到理性认识"这个原理，你这几年在音乐学习上已经体会到了。一九五一至一九五三年间，你自己摸索的时代，对音乐的理解多半是感性认识，直到后来，经过杰老师①的指导，你才一步一步走上了理性认识的阶段。而你在去罗马尼亚以前的徬徨与缺乏自信，原因就在于你已经感觉到仅仅靠感性认识去理解乐曲，是不够全面的，也不够深刻的；不过那时你不得其门而入，不知道怎样才能达到理性认识，所以你苦闷。你不妨回想一下，我这个分析与事实符合不符合？所谓理性认识是"通过人的头脑，运用分析、综合、对比等等的方法，把观察到的（我再加上一句：感觉到的）现象加以研究，抛开事物的虚假现象，及其他种种非本质现象，抽出事物的本质，找出事物的来龙去脉，即事物发展的规律"这几句，倘若能到处运用，不但对学术研究有极大的帮助，而且对做人处世，也是一生受用不尽。因为这就是科学方法。而我一向主张不但做学问，弄艺术要有科学方法，做人更其需要有科学方法。因为这缘故，我更主张把科学的辩证唯物论应用到实际生活上来。毛主席在《实践论》中说："我们的实践证明：感觉到了的东西，我们不能立刻理解它，只有理解了的东西才能更深刻地感觉它。"你是弄音乐的人，当然更能深切的体会这话。

第六个感想是辩证唯物论中有许多原则，你特别容易和实际结合起来体会；因为这几年你在音乐方面很用脑子，而在任何学科方面多用头脑思索的人，都特别容易把辩证唯物论的原则与实际联系。比如"事物的相互联系与相互制限""原因和结果有时也会相互转化，相互发生作用"，不论拿来观察你的人事关系，还是考察你的业务学习，分析你的感情问题，还是检讨你的起居生活，随时随地都会得到鲜明生动的实证。我尤其想到"从量变到质变"一点，与你的音乐技术与领悟的关系非常适合。你老是抱怨技巧不够，不能表达你心中所感到的音乐；但你一朝获得你眼前所追求的技巧之后，你的音乐理解一定又会跟着起变化，从而要求更新更高的技术。说得浅近些，比如你练萧邦的练习曲或诙谐曲中某些快速的段落，常嫌速度不够。但等到你速度够了，你的音乐表现也决不是像你现在所追求的那一种了。假如我这个猜测不错，那就说明了量变可以促成质变的道理。

以上所说，在某些人看来，也许是把马克思主义庸俗化了；我却认为不是庸俗化，而是把它真正结合到现实生活中去。一个人年轻的时候，当学生的时候，倘若不把马克思主义"身体力行"，在大大小小的事情上实地运用，那么一朝到社会上去，遇到无论怎么微小的事，也运用不了一分一毫的马克思主义。所谓辩证法，所谓准确的世界观，必须到处用得烂熟，成为思想的习惯，才可以说是真正受到马克思主义的锻炼。否则我是我，主义是主义，方法是方法，始终合不到一处，学习一辈子也没用。从这个角度上看，马列主义绝对不枯索，而是非常生动、活泼、有趣的，并且能时时刻刻帮助我们解决或大或小的问题的——从身边琐事到做学问，从日常生活到分析国家大事，没有一处地方用不到。至于批评与自我批评，我前两信已说得很多，不再多谈。只要你记住两点：必须有不怕看自己丑脸的勇气，同时又要有冷静的科学家头脑，与实验室工作的态度。唯有用这两种心情，才不至于被虚伪的自尊心所蒙蔽而变成懦怯，也不至于为了以往的错误而过分灰心，消灭了痛改前非的勇气，更不至于茫然于过去错误的原因而将来重蹈覆辙。子路"闻过则喜"，曾子的"吾日三省吾身"，都是自我批评与接受批评的最好的格言。

从有关五年计划的各种文件上，我特别替你指出下面几个全国上下共同努力的目标：

增加生产，厉行节约，反对分散使用资金，坚决贯彻重点建设的方针。

你在国外求学，"厉行节约"四字也应该竭力做到。我们的家用，从上月起开始每周做决算，拿来与预算核对，看看有否超过？若有，要研究原因，下周内就得设法防止。希望你也努力，因为你音乐会收入多，花钱更容易不假思索，满不在乎。至于后面两条，我建议为了你，改成这样的口号：反对分散使用精力，坚决贯彻重点学习的方针。今夏你来信说，暂时不学理论课程，专攻钢琴，以免分散精力，这是很对的。但我更希望你把这个原则再推进一步，再扩大，在生活细节方面都应用到。而在乐曲方面，尤其要时时注意。首先要集中几个作家。作家的选择事先可郑重考虑；决定以后切勿随便更改，切勿看见新的东西而手痒心痒——至多只宜作辅助性质的附带研究，而不能喧宾夺主。其次是练习的时候要安排恰当，务以最小限度的精力与时间，获得最大限度的成绩为原则。和避免分散精力连带的就是重点学习。选择作家就是重点学习的第一个步骤；第二个步骤是在选定的作家中再挑出几个最有特色的乐曲。譬如巴赫，你一定要选出几个典型的作品，代表他键盘乐曲的各个不同的面目的。这样，你以后对于每一类的曲子，可以举一反三，自动的找出路子来了。这些道理，你都和我一样的明白。我所以不惮烦琐的和你一再提及，因为我觉得你许多事都是知道了不做。学习计划，你从来没和我细谈，虽然我有好几封信问你。从现在起到明年（一九五六年）暑假，你究竟决定了哪些作家，哪些作品？哪些作品作为主要的学习，哪些作为次要与辅助性质的？理由何在？这种种，无论如何希望你来信详细讨论。我屡次告诉你：多写信多讨论问题，就是多些整理思想的机会，许多感性认识可以变做理性认识。这样重要的训练，你是不能漠视的。只消你看我的信就可知道。至于你忙，我也知道；但我每个月平均写三封长信，每封平均有三千字，而你只有一封，只及我的三分之一：莫非你忙的程度，比我超过百分之二百吗？问题还在于你的心情：心情不稳定，就懒得动笔。所以我这几封信，接连的和你谈思想问题，急于要使你感情平静下来。做爸爸的不要求你什么，只要求你多写信，多写有内容有思想实质的信；为了你对爸爸的爱，难道办不到吗？我也再三告诉过你，你一边写信整理思想，一边就会发现自己有很多新观念；无论对人生，对音乐，对钢琴技巧，一定随时有新的启发，可以帮助你今后的学习。这样一举数得的事，怎么没勇气干呢？尤其你这人是缺少计划性的，多写信等于多检查自己，可以纠正你的缺点。当然，要做到"不分散精力""重点学习""多写信，多发表感想，多报告计划"，最基本的是要能抓紧时间。你该记得我的生活习惯吧？早上一起来，洗脸，吃点心，穿衣服，没一件事不是用最快的速度赶着做的；而平日工作的时间，尽量不接见客人，不出门；万一有了杂务打岔，就在晚上或星期日休息时间补足错失的工作。这些都值得你模仿。要不然，怎么能抓紧时间呢？怎么能不浪费光阴呢？如今你住的地方幽静，和克拉可夫音乐院宿舍相比，有天渊之别；你更不能辜负这个清静的环境。每天的工作与休息时间都要安排妥当，避免一切突击性的工作。你在国外，究竟不比国内常常有政治性的任务。临时性质的演奏也不会太多，而且宜尽量推辞。正式的音乐会，应该在一个月以前决定，自己早些安排练节目的日程，切勿在期前三四天内日夜不停的"赶任务"，赶出来的东西总是不够稳，不够成熟的；并且还要妨碍正规学习；事后又要筋疲力尽，仿佛人要瘫下来似的。

我说了那么多，又是你心里都有数的话，真怕你听腻了，但也真怕你不肯下决心实行。孩子，告诉我，你已经开始在这方面努力了，那我们就安慰了，高兴了。

…………

假如心烦而坐不下来写信，可不可以想到为安慰爸爸妈妈起见而勉强写？开头是为了我们而勉强写，但写到三四页以上，我相信你的心情就会静下来，而变得很自然很高兴的，自动的想写下去了。我告诉你这个方法，不但可逼你多写信，同时也可以消除一时的烦闷。人总得常常强迫自己，不强迫就解决不了问题。

一九五五年十二月二十一日晨

注释

① 杰老师：杰维茨基（1890—1971），波兰钢琴家，傅聪留学波兰时的老师。

在新中国建立初期，无产阶级号召用马克思列宁主义思想来武装全社会，在这样的大背景下，旧知识分子也非常渴望能为国家和民族的振兴贡献自己的力量。就傅雷而言，他认真学习马克思列宁主义理论知识，并对其表示认可，不仅如此，他还把马克思列宁主义思想传达给远在国外的儿子傅聪，希望对方也能从中获取裨益。

另外，在信中傅雷也直言不讳地揭露了生活中人们"空谈理论"的现象，并对其进行了无情的批判，在他看来马克思列宁主义就应该"学以致用"，只有做到理论联系实际，结合实际情况去分析，才能真正解决问题。

外行变为内行也不是太难的

亲爱的孩子：

昨天寄了一信，附传达报告七页。兹又寄上传达报告四页。还有别的材料，回沪整理后再寄。在京实在抽不出时间来，东奔西跑，即使有车，也很累。这两次的信都硬撑着写的。

毛主席的讲话，那种口吻、音调，特别亲切平易，极富于幽默感；而且没有教训口气，速度恰当，间以适当的 pause［停顿］，笔记无法传达。他的马克思主义是到了化境的，随手拈来，都成妙谛，出之以极自然的态度，无形中渗透听众的心。讲话的逻辑都是隐而不露，真是艺术高手。沪上文艺界半年来有些苦闷，地方领导抓得紧，仿佛一批评机关缺点，便会煽动群众；报纸上越来越强调"肯定"，老谈一套"成绩是主要的，缺点是次要的"等等。（这话并不错，可是老挂在嘴上，就成了八股。）毛主席大概早已嗅到这股味儿，所以从一月十八日至二十七日就在全国省市委书记大会上提到"百家争鸣"问题，二月底的最高国务会议更明确的提出，这次三月十二日对我们的讲话，更为具体，可见他的思考也在逐渐往深处发展。他再三说人民内部矛盾如何处理对党也是一个新问题，需要与党外人士共同研究；党内党外合在一起谈，有好处；今后三五年内，每年要举行一次。他又嘱咐各省市委也要召集党外人士共同商量党内的事。他的胸襟宽大，思想自由，和我们旧知识分子没有分别，加上极灵活的运用辩证法，当然国家大事掌握得好了。毛主席是真正把古今中外的哲理融会贯通了的人。

我的感觉是"百花齐放、百家争鸣"确是数十年的教育事业，我们既要耐性等待，又要友好斗争；自己也要时时刻刻求进步——所谓自我改造。教条主义官僚主义，我认为主要有下列几个原因：一是阶级斗争太剧烈了，老干部经过了数十年残酷内战与革命，到今日已是中年以上，生理上即已到了衰退阶段；再加多数人身上带着病，精神更不充沛，求知与学习的劲头自然不足了。二是阶级斗争时敌人就在面前，不积极学习战斗就得送命，个人与集体的安全利害紧接在一起；革命成功了，敌人远了，美帝与原子弹等等，近乎抽象的威胁，故不大肯积极学习社会主义建设的门道。三是革命成功，多少给老干部一些自满情绪，自命劳苦功高，对新事物当然不大愿意屈尊去体会。四是社会发展得快，每天有多少事需要立刻决定，既没有好好学习，只有简单化，以教条主义官僚主义应付。这四点是造成官僚、主观、教条的重要因素。否则，毛主席说过"我们搞阶级斗争，并没先学好一套再来，而是边学边斗争的"；为什么建设社会主义就不能边学边建设呢？反过来，我亲眼见过中级干部从解放军复员而做园艺工作，四年工夫已成了出色的专家。佛子岭水库的总指挥也是复员军人出身，遇到工程师们各执一见、相持不下时，他出来凭马列主义和他专业的学习，下的结论，每次都很正确。可见只要年富力强，只要有自信，有毅力，死不服气的去学技术，外行变为内行也不是太难的。

党内要是这样的人再多一些，官僚主义等等自会逐步减少。

毛主席的话和这次会议给我的启发很多，下次再和你谈。

从马先生处知道你近来情绪不大好，你看了上面这些话，或许会好一些。千万别忘了我们处在大变动时代，我国如此，别国也如此。毛主席只有一个，别国没有，弯路不免多走一些，知识分子不免多一些苦闷，这是势所必然，不足为怪的。苏联的失败经验省了我们许多力气；中欧各国将来也会参照我们的做法慢慢的好转。在一国留学，只能集中精力学其所长；对所在国的情形不要太忧虑，自己更不要因之而沮丧。我常常感到，真正积极、真正热情、肯为社会主义事业努力的朋友太少了，但我还是替他们打气，自己还是努力斗争。到北京来我给楼伯伯、庞伯伯、马先生打气。

自己先要锻炼得坚强，才不会被环境中的消极因素往下拖，才有剩余的精力对朋友们喊"加油加油"！你目前的学习环境真是很理想了，尽量钻研吧。室外的低气压，不去管它。你是波兰的朋友，波兰的儿子，但赤手空拳，也不能在他们的建设中帮一手。唯一报答她的办法是好好学习，把波兰老师的本领，把波兰音乐界给你的鼓励与启发带回到祖国来，在中国播一些真正对波兰友好的种子。他们的知识分子彷徨，你可不必彷徨。伟大的毛主席远远的发出万丈光芒，照着你的前路，你得不辜负他老人家的领导才好。

我也和马先生、庞伯伯细细商量过，假如改往苏联学习，一般文化界的空气也许要健全些，对你有好处；但也有一些教条主义味儿，你不一定吃得消；日子长了，你也要叫苦。他们的音乐界，一般比较属于cold［冷静］型，什么时候能找到一个老师对你能相忍相让，容许你充分自由发展的，很难有把握。马先生认为苏联的学派与教法与你不大相合。我也同意此点。最后，改往苏联，又得在语言文字方面重起炉灶，而你现在是经不起耽搁的。周扬先生听我说了杰老师的学问，说："多学几年就多学几年吧。"（几个月前，夏部长有信给我，怕波兰动荡的环境，想让你早些回国。现在他看法又不同了。）

你该记得，胜利以前的一年，我在上海集合十二三个朋友（内有宋伯伯、姜椿芳、两个裘伯伯等等），每两周聚会一次，由一个人作一个小小学术讲话；然后吃吃茶点，谈谈时局，交换消息。那个时期是我们最苦闷的时期，但我们并不消沉，而是纠集了一些朋友自己造一个健康的小天地，暂时躲一下。你现在的处境和我们那时大不相同，更无须情绪低落。我的性格的坚韧，还是值得你学习的。我的脆弱是在生活细节方面，可不在大问题上。希望你坚强，想想过去大师们的艰苦奋斗，想想克利斯朵夫那样的人物，想想莫扎特、贝多芬；挺起腰来，不随便受环境影响！别人家的垃圾，何必多看？更不必多烦心。作客应当多注意主人家的美的地方；你该像一只久饥的蜜蜂，尽量吮吸鲜花的甘露，酿成你自己的佳蜜。何况你既要学 piano〔钢琴〕，又要学理论，又要弄通文字，整天在艺术、学术的空气中，忙还忙不过来，怎会有时间多想邻人的家务事呢？

亲爱的孩子，听我的话吧，爸爸的一颗赤诚的心，忙着为周围的几个朋友打气，忙着管闲事，为社会主义事业尽一分极小的力，也忙着为本门的业务加工，但求自己能有寸进；当然更要为你这儿子作园丁与警卫的工作：这是我的责任，也是我的乐趣。多多休息，吃得好，睡得好，练琴时少发泄感情，（谁也不是铁打的！）生活有规律些，自然身体会强壮，精神会饱满，一切会乐观。万一有什么低潮来，想想你的爸爸举着他一双瘦长的手臂远远的在支撑你；更想想有这样坚强的党、政府与毛主席，时时刻刻做出许多伟大的事业，发出许多伟大的言论，无形中但是有效的在鼓励你前进！平衡身心，平衡理智与感情，节制肉欲，节制感情，节制思想，对像你这样的青年是有好处的。修养是整个的，全面的；不仅在于音乐，特别在于做人——不是狭义的做人，而是包括对世界、对政局的看法与态度。二十世纪的人，生在社会主义国家之内，更需要冷静的理智，唯有经过铁一般的理智控制的感情才是健康的，才能对艺术有真正的贡献。孩子，我千言万语也说不完，我相信你一切都懂，问题只在于实践！

我腰酸背疼，两眼昏花，写不下去了。我祝福你，我爱你，希望你强，更强，永远做一个强者，有一颗慈悲的心的强者！

一九五七年三月十八日深夜于北京

傅雷积极响应党和国家的号召，既改造自己，又对新社会充满憧憬，通过言传身教向儿子传达乐观的精神。他勉励孩子，一帆风顺只是美好的愿望，做事遇到干扰才是生活的常态，困难的出现是锻炼自己的好时机。

国家的荣辱得失事大

孩子：

十个月来我的心绪你该想象得到；我也不想千言万语多说，以免增加你的负担。你既没有忘怀祖国，祖国也没有忘了你，始终给你留着余地，等你醒悟。我相信：祖国的大门是永远向你开着的。

好多话，妈妈已说了，我不想再重复。但我还得强调一点，就是：适量的音乐会能刺激你的艺术，提高你的水平；过多的音乐会只能麻痹你的感觉，使你的表演缺少生气与新鲜感，从而损害你的艺术。你既把艺术看得比生命还重，就该忠于艺术，尽一切可能为保持艺术的完整而奋斗。这个奋斗中目前最重要的一个项目就是：不能只考虑需要出台的一切理由，而要多考虑不宜于多出台的一切理由。其次，千万别做经理人的摇钱树！他们的一千零一个劝你出台的理由，无非是趁艺术家走红的时期多赚几文，哪里是为真正的艺术着想！一个月七八次乃至八九次音乐会实在太多了，大大的太多了！长此以往，大有成为钢琴匠，甚至奏琴的机器的危险！你的节目存底很快要告罄的；细水长流才是办法。若是在如此繁忙的出台以外，同时补充新节目，则人非钢铁，不消数月，会整个身体垮下来的。没有了青山，哪还有柴烧？何况身心过于劳累就会影响到心情，影响到对艺术的感受。这许多道理想你并非不知道，为什么不挣扎起来，跟经理人商量——必要时还得坚持——减少一半乃至一半以上的音乐会呢？我猜你会回答我：目前都已答应下来，不能取消，取消了要赔人损失等等。可是你能否把已定的音乐会一律推迟一些，中间多一些空隙呢？否则，万一临时病倒，还不是照样得取消音乐会？难道捐税和经理人的佣金真是奇重，你每次所得极微，所以非开这么多音乐会就活不了吗？来信既说已经站稳脚跟，那么一个月只登台一二次（至多三次）也不用怕你的名字冷下去。决定性的仗打过了，多打零星的不精彩的仗，除了浪费精力，报效经理人以外，毫无用处，不但毫无用处，还会因表演得不够理想而损害听众对你的印象。你如今每次登台都与国家面子有关；个人的荣辱得失事小，国家的荣辱得失事大！你既热爱祖国，这一点尤其不能忘了。为了身体，为了精神，为了艺术，为了国家的荣誉，你都不能不大大减少你的演出。为这件事，我从接信以来未能安睡，往往为此一夜数惊！

还有你的感情问题怎样了？来信一字未提，我们却一日未尝去

心。我知道你的性格，也想象得到你的环境；你一向滥于用情；而即使不采主动，被人追求时也免不了虚荣心感到得意：这是人之常情，于艺术家为尤甚，因此更需警惕。你成年已久，到了二十五岁也该理性坚强一些了，单凭一时冲动的行为也该能多克制一些了。不知事实上是否如此？要找永久的伴侣，也得多用理智考虑勿被感情蒙蔽！情人的眼光一结婚就会变，变得你自己都不相信：事先要不想到这一着，必招后来的无穷痛苦。除了艺术以外，你在外做人方面就是这一点使我们操心。因为这一点也间接影响到国家民族的荣誉，英国人对男女问题的看法始终清教徒气息很重，想你也有所发觉，知道如何自爱了；自爱即所以报答父母，报答国家。

真正的艺术家，名副其实的艺术家，多半是在回想中和想象中过他的感情生活的。唯其能把感情生活升华才给人类留下这许多杰作。反复不已的、有始无终的，没有结果也不可能有结果的恋爱，只会使人变成唐·璜[①]，使人变得轻薄，使人——至少——对爱情感觉麻痹，无形中流于玩世不恭；而你知道，玩世不恭的祸害，不说别的，先就使你的艺术颓废；假如每次都是真刀真枪，那么精力消耗太大，人寿几何，全部贡献给艺术还不够，怎容你如此浪费！歌德的《少年维特之烦恼》的故事，你总该记得吧。要是歌德没有这大智大勇，历史上也就没有歌德了。你把十五岁到现在的感情经历回想一遍，也会怅然若失了吧？也该从此换一副眼光、换一种态度、换一种心情来看待恋爱了吧？——总之，你无论在订演出合同方面，在感情方面，在政治行动方面，主要得避免"身不由主"，这是你最大的弱点。——在此举国欢腾，庆祝十年建国十年建设十年成就的时节，我写这封信的心情尤其感触万端，非笔墨所能形容。孩子，珍重，各方面珍重，千万珍重，千万自爱！

一九五九年十月一日

① 中世纪西班牙传说中的青年贵族，欧洲许多文学作品中的主人公。一般以英俊潇洒、风流倜傥著称。

感悟

在这封家书中，傅雷告诉傅聪不要成为钢琴匠、奏琴的机器，对于不公平不合理的要求要懂得拒绝，要"挣扎起来""必要时还得坚持"。

最美的字句都要出之自然

聪：

四月十七、二十、二十四，三封信（二十日是妈妈写的）都该收到了吧？三月十五寄你评论摘要一小本（非航空），由妈妈打字装订，是否亦早到了？我们花过一番心血的工作，不管大小，总得知道没有遗失才放心。四月二十六日寄出汉石刻画像拓片四张，二十九又寄《李白集》十册，《十八家诗钞》二函，合成一包；又一月二十日交与海关检查，到最近发还的丹纳《艺术哲学·第四编（论希腊雕塑）》手抄译稿一册，亦于四月二十九寄你。以上都非航空，只是挂号。日后收到望一一来信告知。

中国诗词最好是木刻本，古色古香，特别可爱。可惜不准出口，不得已而求其次，就挑商务影印本给你。以后还会陆续寄，想你一定喜欢。《论希腊雕塑》一编六万余字，是我去冬花了几星期工夫抄的，也算是我的手泽，特别给你做纪念。内容值得细读，也非单看一遍所能完全体会。便是弥拉读法文原著，也得用功研究，且原著对神话及古代史部分没有注解，她看起来还不及你读译文易懂。为她今后阅读方便，应当买几部英文及法文的比较完整的字典才好。我会另外写信给她提到。

一月九日寄你的一包书内有老舍及钱伯母的作品，都是你旧时读过的。不过内容及文笔，我对老舍的早年作品看法已大大不同。从前觉得了不起的那篇《微神》，如今认为太雕琢，过分刻画，变得纤巧，反而贫弱了。一切艺术品都忌做作，最美的字句都要出之自然，好像天衣无缝，才经得起时间考验而能传世久远。比如"山高月小，水落石出"不但写长江中赤壁的夜景，历历在目，而且也写尽了一切兼有幽远、崇高与寒意的夜景；同时两句话说得多么平易，真叫做"天籁"！老舍的《柳家大院》还是有血有肉，活得很——为温习文字，不妨随时看几段。没人讲中国话，只好用读书代替，免得词汇字句愈来愈遗忘——最近两封英文信，又长又详尽，我们很高兴，但为了你的中文，仍望不时用中文写，这是你唯一用到中文的机会了。写错字无妨，正好让我提醒你。不知五月中是否演出较少，能抽空写信来？

最近有人批判王氏的"无我之境"，说是写纯客观，脱离阶级斗争。此说未免褊狭。首先，纯客观事实上是办不到的。既然是人观察事物，无论如何总带几分主观，即使力求摆脱物质束缚也只能做到一部分，而且为时极短。其次能多少

客观一些，精神上倒是真正获得松弛与休息，也是好事。人总是人，不是机器，不可能二十四小时只做一种活动。生理上即使你不能不饮食睡眠，推而广之，精神上也有各种不同的活动。便是目不识丁的农夫也有出神的经验，虽时间不过一刹那，其实即是无我或物我两忘的心境。艺术家表现出那种境界来未必会使人意志颓废。例如，念了"寒波淡淡起，白鸟悠悠下"两句诗，哪有一星半点不健全的感觉？假定如此，自然界的良辰美景岂不成年累月摆在人面前，人如何不消沉以至于不可救药的呢？相反，我认为生活越紧张越需要这一类的调剂，多亲近大自然倒是维持身心平衡最好的办法。近代人的大病即在于拼命损害了一种机能（或一切机能）去发展某一种机能，造成许多畸形与病态。我不断劝你去郊外散步，也是此意。幸而你东西奔走的路上还能常常接触高山峻岭，海洋流水，日出日落，月色星光，无形中更新你的感觉，解除你的疲劳。

　　另一方面，终日在琐碎家务与世俗应对中过生活的人，也该时时到野外去洗掉一些尘俗气，别让这尘俗气积聚日久成为宿垢。弥拉接到我黄山照片后来信说，从未想到山水之美有如此者。可知她虽家居瑞士，只是偶尔在山脚下小住，根本不曾登高临远，见到神奇的景

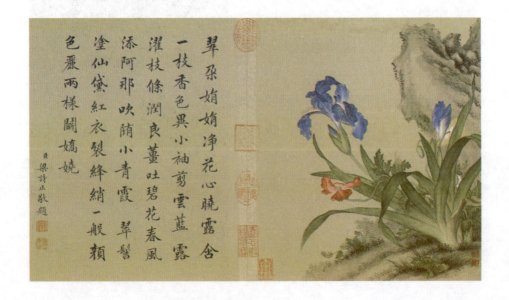

色。在这方面你得随时培养她。此外我也希望她每天挤出时间，哪怕半小时吧，作为阅读之用。而阅读也不宜老拣轻松的东西当做消遣；应当每年选定一二部名著用功细读。比如丹纳的《艺术哲学》之类，若能彻底消化，做人方面，气度方面，理解与领会方面都有进步，不仅仅是增加知识而已。巴尔扎克的小说也不是只供消闲的。像你们目前的生活，要经常不断的阅读正经书不是件容易的事，需要很强的意志与纪律才行。望时常与她提及你老师勃隆斯丹近七八年来的生活，除了做饭、洗衣、照管丈夫孩子以外，居然坚持练琴，每日一小时至一小时半，到今日每月有四五次演出。这种精神值得弥拉学习。

一九六一年五月一日

从这封家书中，我们看到了傅雷对中国文化的热爱。为了加深儿子对中国文化的理解和热爱，他三番五次向儿子邮寄各类版画、拓片以及许许多多的中国文学作品。他认真地分析中华文明的得与失，大胆地批评或者褒奖。这也表现了他真诚耿介、敢作敢为的性格。

傅雷还十分注重身心调节。虽然他对待工作如痴如狂，可以说是一个工作狂人，但他同样深谙劳逸结合的道理。信中，他嘱咐傅聪要多去亲近大自然，欣赏大自然，向大自然学习。在他的谆谆教导下，傅聪在工作之余注意调节身心，在游览世界风光的同时也让自己的音乐之路越走越宽。

约制自己的欲望

……"理财"，若作为"生财"解，固是一件难事，作为"不亏空而略有储蓄"解，却也容易做到。只要有意志，有决心，不跟自己妥协，有狠心压制自己的fancy［一时的爱好］！老话说得好：开源不如节流。我们的欲望无穷，所谓"欲壑难填"，若一手来一手去，有多少用多少，即使日进斗金也不会觉得宽裕的。既然要保持清白，保持人格独立，又要养家活口，防旦夕祸福，更只有自己紧缩，将"出口"的关口牢牢把住。"入口"操在人家手中，你不能也不愿奴颜婢膝的乞求；"出口"却完全操诸我手，由我做主。你该记得中国古代的所谓清流，有傲骨的人，都是自甘淡泊的清贫之士。清贫二字为何连在一起，值得我们深思。我的理解是，清则贫，亦唯贫而后能清！我不是要你"贫"，仅仅是约制自己的欲望，做到量入为出，不能说要求太高吧！这些道理你全明白，无须我啰嗦，问题是在于实践。你在艺术上想得到，做得到，所以成功；倘在人生大小事务上也能说能行，只要及到你艺术方面的一半，你的生活烦虑也就十分中去了八分。古往今来，艺术家多半不会生活，这不是他们的光荣，而是他们的失败。失败的原因并非真的对现实生活太笨拙，而是不去注意，不下决心。因为我所谓"会生活"不是指发财、剥削人或是啬刻，做守财奴，而是指生活有条理，收支相抵而略有剩余。要做到这

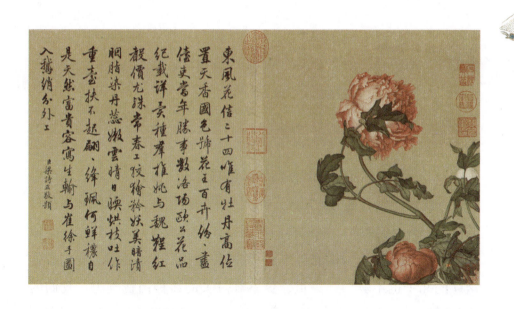

两点，只消把对付艺术的注意力和决心拿出一小部分来应用一下就绰乎有余了！

…………

像我们这种人，从来不以恋爱为至上，不以家庭为至上，而是把艺术、学问放在第一位，作为人生目标的人，对物质方面的烦恼还是容易摆脱的，可是为了免得后顾之忧，更好的从事艺术与学问，也不能不好好的安排物质生活；光是瞧不起金钱，一切取消极态度，早晚要影响你的人生最高目标——艺术的！希望克日下决心，在这方面采取行动！一切保重！

一九六四年三月一日

对儿子理财方面的提醒，身为父亲的傅雷总是那么细致入微。他还告诉傅聪，人生的最终目标是艺术，不能为了满足物质需求，而仅仅把艺术当作谋生的手段。

活到老，学到老

为了急于要你知道收到你们俩来信的快乐，也为了要你去瑞典以前看到此信，故赶紧写此短札。昨天中午一连接到你、弥拉和你岳母的信，还有一包照片，好像你们特意约齐有心给我们大大快慰一下似的，更难得的是同一邮班送上门！你的信使我们非常感动，我们有你这样的儿子也不算白活一世，更不算过去的播种白费气力。我们的话，原来你并没当作耳边风，而是在适当的时间都能——记起，跟你眼前的经验和感想作参证。凌霄一天天长大，你从他身上得到的教育只会一天天加多；人便是这样：活到老，学到老，学到老，学不了！可是你我都不会接下去想：学不了，不学了！相反，我们都是天生的求知欲强于一切。即如种月季，我也决不甘心以玩好为限，而是当做一门科学来研究；养病期间就做这方面的考据。

提到莫扎特，不禁想起你在李阿姨（蕙芳）处学到最后阶段时弹的 *Romance*［《浪漫曲》］和 *Fantasy*［《幻想曲》］，谱子是我抄的，用中国式装裱；后来弹给百器①听（第一次去见他），他说这是 artist［音乐家］弹的，不是小学生弹的。这些事，这些话，在我还恍如昨日，大概你也记得很清楚，是不是？

关于柏辽兹和李斯特，很有感想，只是今天眼睛脑子都已不大行，不写了。我每次听柏辽兹，总感到他比特皮西更男性、更雄强、更健康，应当是创作我们中国音乐的好范本。据罗曼·罗兰的看法，法国史上真正的天才（罗曼·罗兰在此对天才另有一个定义，大约是指天生的像潮水般涌出来的才能，而非后天刻苦用功来的）作曲家只有比才和他两个人。

…………

　　你们俩描写凌霄的行动笑貌，好玩极了。你小时也很少哭，一哭即停，嘴唇抖动未已，已经抑制下来：大概凌霄就像你。你说的对：天真纯洁的儿童反映父母的成分总是优点居多；教育主要在于留神他以后的发展，只要他有我们的缺点露出苗头来，就该想法防止。他躺在你琴底下的情景，真像小克利斯朵夫，你以前曾以克利斯朵夫自居，如今又出了一个小克利斯朵夫了，可是他比你幸运，因为有着一个更开明更慈爱的父亲！（你信上说他 completely transferred, dreaming［完全转移了，像做梦似的入神］，应该说 transported［欣喜若狂］；"transferred［转移］"一词只用于物，不用于人。我提醒你，免得平日说话时犯错误。）三月中你将在琴上指挥，我们听了和你一样 excited［兴奋］。望事前多做思想准备，万勿紧张！

一九六六年一月四日

注释

①百器即梅百器，意大利钢琴家、指挥家，李斯特的再传弟子。前上海交响乐团的创办人兼指挥。傅聪九岁半起，在他门下学琴三年。

感 悟

"为了急于要你知道收到你们俩来信的快乐，也为了要你去瑞典

以前看到此信，故赶紧写此短札。"该句表现了傅雷老境将至，疾病缠身，却仍然为儿子的来信感动，仍然时刻惦念着远在异国的儿子。父母之爱子，则为之计深远。

"好玩极了"一句的言语里尽是作为祖父满满的慈爱和欣喜。